AF389566

UNE VISITE

AU JARDIN DES PLANTES

A PARIS.

UNE VISITE

AU

JARDIN DES PLANTES

TIRÉE DU LIVRE INTITULÉ :

TROIS SEMAINES A PARIS

Par E. HOCQUART.

2ᵉ ÉDITION,
revue et augmentée.

ILLUSTRÉE
de 65 gravures.

PARIS
LIBRAIRIE DE P. LETHIELLEUX,
Rue Bonaparte, 66.

TOURNAI
LIBRAIRIE DE H. CASTERMAN,
Rue aux Rats, 11.

H. CASTERMAN
ÉDITEUR.
1861

Le Daman, espèce de Lapin du Liban.

INTRODUCTION.

ARMI les établissements d'instruction de tous genres que renferme Paris, il n'en est peut-être pas qui soit plus digne de l'attention des visiteurs que le *Jardin des Plantes,* avec ses immenses et précieuses collections d'animaux, de végétaux et de minéraux. Là se trouvent rassemblés tous les éléments de l'étude de l'histoire naturelle, cette science également propre à satisfaire une louable curiosité, à procurer une source inépuisable d'amusements et à donner la plus haute idée de Dieu, dont la volonté suprême créa l'univers, et dont la puissance infinie, jointe à sa bonté ineffable, conserve la vie de tous les êtres et pourvoit à leurs besoins.

L'agréable exploration que nous offrons à nos jeunes lecteurs est tirée d'un charmant ouvrage ayant pour titre : *Trois semaines à Paris ou les Vacances de Frédéric et d'Elisa*. C'est en leur compagnie que nos jeunes lecteurs vont faire une visite au jardin des Plantes, où M. Delamarre, savant naturaliste et ami du père de Frédéric et d'Elisa, leur donnera toutes les explications désirables sur les mœurs et les habitudes des animaux les plus curieux à connaître.

UNE VISITE

AU JARDIN DES PLANTES.

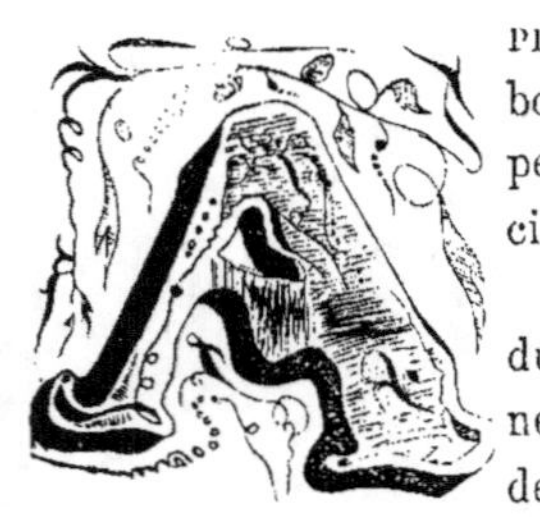

PRÈS avoir longé quelque temps une verdoyante pelouse, bordée de massifs d'arbres rares et admirablement cultivés, la petite société s'arrêta, sur l'invitation de l'aimable et savant cicérone :

— Nous voici, dit M. Delamarre, dans la partie centrale du jardin. Ces carrés que vous voyez devant nous contiennent des plantes médicinales ou économiques. Plus loin sont des plates-bandes employées à la culture des fleurs de pleine terre. Le corps de bâtiment qui termine le jardin, renferme les galeries de Zoologie. A gauche, en partant de la Seine à laquelle nous tournons le dos, se trouve ce qu'on appelle la *Vallée-Suisse,* sorte de vaste jardin anglais rempli de cabanes, de kiosques, etc., etc., élevés dans les enclos et destinés à servir de demeure aux animaux sauvages que nous allons visiter. C'est également dans cette partie du jardin que se voient la ménagerie des bêtes féroces, les volières, la rotonde des éléphants, des rhinocéros, hippopotames, girafes, et autres grands animaux, ainsi que le *palais des singes*. En dehors de la vallée-suisse, on découvre l'orangerie, les serres chaudes et tempérées, les galeries d'anatomie comparée, et enfin le célèbre labyrinthe. A droite se trouvent les riches galeries de minéralogie et de botanique, ainsi que la bibliothèque. Nous verrons aussi de ce côté des plates-bandes destinées à la culture et à l'expérimentation.

Ce programme avait vivement éveillé l'attention de Frédéric et d'Elisa. Ils brûlaient d'impatience de voir cette foule d'animaux qu'ils ne connaissaient que par des descriptions plus ou moins exactes.

— Nous n'aurions pas le temps de visiter aujourd'hui les galeries, ajouta M. Delamarre, bornons-nous à la ménagerie des bêtes féroces, à la vallée-suisse et au labyrinthe ; car l'exploration du jardin et du muséum d'histoire naturelle exigera de vous au moins trois séances. Voici déjà des chiens magnifiques.

Ils entrèrent dans la partie du jardin que l'on est convenu d'appeler la vallée-suisse.

Frédéric, ayant témoigné un vif désir de voir l'éléphant et les autres animaux de la rotonde, M. Delamarre y conduisit les jeunes gens.

Les chiens.

En ce moment, l'éléphant passait sa trompe entre les palissades qui ferment son enclos, quêtant çà et là quelques morceaux de pain ou de gâteau que lui donnaient les spectateurs. Frédéric qui, d'après le conseil de M. Delamarre, avait acheté à la porte de la vallée-suisse un petit pain, le divisa de manière à prolonger le plaisir. Elisa s'enhardit à son tour, au point de suivre l'exemple de son frère, tout en s'étonnant de la douceur de cet animal, et de la délicatesse avec laquelle il prenait ce qu'on lui offrait.

— L'éléphant est doux et même sociable, dit M. Delamarre ; je l'ai vu, il y a bien des années, remplissant un rôle à Paris, dans une représentation théâtrale, qui avait pour sujet, je crois, les malheurs d'un jeune prince Siamois, auquel un usurpateur avait ravi le trône. L'éléphant paraissait sur la scène suivi de plusieurs serviteurs. L'heure de son repas était arrivée ; pourvu d'une immense serviette, attachée à son cou, il tirait avec sa trompe un cordon de sonnette ; aussitôt, son maître d'hôtel lui apportait un plat que l'éléphant vidait tout entier dans son vaste gosier ; il sonnait derechef, un nouveau plat succédait au premier, et ainsi de suite, jusqu'à ce qu'il fut à peu près rassasié. Mais ce qui va vous étonner, c'est que cet éléphant si doux, si docile, et qui avait paru sur divers théâtres, devint tout à coup tellement méchant, qu'il tua son cornac, et aurait bien fait d'autres victimes, si on ne l'avait adroitement fait entrer dans les fossés de la ville où on le tua d'un coup de canon. J'assistais à l'exécution, et je crois entendre encore le bruit que fit cette lourde masse en tombant sur le sol, lorsqu'elle reçut le coup mortel. Notez bien que tous les animaux vivant dans l'état sauvage, deviennent méchants en vieillissant. Le tigre, le lion, le

loup, s'apprivoisent assez facilement, quand ils sont pris très-jeunes; mais en devenant vieux, ils reprennent le caractère de leur race. Il en est de même des grands singes, du taureau, du renard. Il n'y a guère d'exception que pour le chien, ce véritable ami de l'homme. Mais faisons le tour de la rotonde, voici un autre enclos; connaissez-vous cet animal-là, mon cher Frédéric?

— Oui, oui, je reconnais le rhinocéros à sa corne sur le nez et à sa peau toute plissée. Il ne paraît pas méchant.

— En effet, cet animal n'est pas naturellement méchant, il n'est que sauvage et brutal à la manière du sanglier; mais étant jeune, il s'est plié à cette espèce de domesticité.

— Et celui-ci? continua Frédéric, en montrant un autre animal à formes lourdes et massives; ce doit être l'hippopotame, mais je le croyais plus gros.

— C'est qu'il est jeune, répondit le naturaliste. Cette espèce d'amphibie vit dans les eaux des fleuves d'Afrique; mais comme il doit revenir souvent sur l'eau pour respirer, c'est le moment que les naturels du pays choisissent pour l'attaquer. Cet animal n'est pas plus méchant que le rhinocéros. Au reste, si celui-ci foule au pied les plantations, et brise les jeunes arbres pour chercher les racines dont il se nourrit, celui-là dépeuple les rivières de poissons. L'hippopotame et le rhinocéros sont loin d'avoir l'intelligence de l'éléphant, quoique celle-ci ait été beaucoup exagérée dans quelques livres élémentaires d'histoire naturelle.

— Ah ! voilà la girafe, dit Élisa ; comme sa robe est élégamment marquetée ! Voyez donc comme la longueur de son cou lui sert bien pour atteindre facilement les feuilles des arbres. Cet animal court-il vite ?

—Il dépasse les meilleurs chevaux, répondit M. Delamarre, et si la girafe devient quelquefois la proie du tigre ou du lion, c'est que ces derniers, en embuscade, sont tombés sur elle à l'improviste. Au reste, dans la plaine, elle peut se défendre contre le lion avec ses terribles ruades. Une magnifique girafe, présent de Mehemet-Ali, pacha d'Égypte, fut envoyée à Charles X. C'était la première fois qu'on voyait cet animal en France. Elle fut amenée en triomphe de Marseille à Paris. Les populations se pressaient sur son passage. A Paris, ce fut un enthousiasme poussé jusqu'au délire. Quelques années après, la pauvre bête mourut oubliée. Elle vivait dans une union touchante avec deux vaches africaines, qui l'avaient accompagnée dans le voyage et dont le lait avait servi à la nourrir. Voici le tapir, le plus grand quadrupède de l'Amérique. C'est un animal inoffensif, mais dépourvu d'intelligence. Il vit solitaire dans les forêts marécageuses. Il passe les nuits à se vautrer dans les eaux fangeuses, et le jour à dormir. Il a quelque ressemblance avec le porc : mais ce qui le distingue particulièrement, est ce rudiment de trompe produit par l'allongement de son nez. On dit que sa chair est mauvaise. Remarquons le zèbre dont le pelage est si élégant ; cet animal est d'un naturel trop sauvage pour être dompté. Celui qui est à côté est le daw, quadrupède de la même famille que le zèbre et l'âne ; mais il est loin d'avoir la douceur et la patience de ce dernier ; car, l'un de ces animaux broya, il y a quelques années, dans un accès de férocité, la jambe de son gardien, et il fallut en faire l'amputation. C'est aujourd'hui le concierge de la grille par laquelle nous sommes entrés.

— Oh ! le joli animal, s'écria Elisa, en remarquant une hémione, au pelage couleur de café au lait, et accompagnée de son petit.

— C'est encore un quadrupède de la même famille que les précédents ; mais il est moins sauvage. Je pense qu'il ne serait pas difficile de le réduire en domesticité.

Les enfants remarquèrent ensuite le pecari, sorte de porc d'Amérique, et plusieurs autres animaux non moins intéressants.

— Nous voici à deux pas de la fosse aux ours, jetons-y un coup d'œil, dit Frédéric.

Dans ce moment, un gros ours brun se tenait debout, et faisait le beau en tour-

Le tapir.

nant sur lui-même, dans l'espoir d'obtenir quelques bribes de pain ou de gâteau qu'il saisissait en l'air avec beaucoup d'adresse.

— N'est-ce pas celui-là qu'on appelle Martin? demanda Frédéric.

— Les Parisiens appellent ainsi tous les ours de la ménagerie, répondit M. Delamarre.

Dans ce moment-là, les cris de : « Martin monte à l'arbre, » se firent entendre. L'un des spectateurs lui montrait un gros morceau de pain comme récompense de son ascension. L'ours se fit un peu prier ; mais comme il vit qu'on ne lâchait point le pain, il grimpa lestement au tronc d'arbre branchu planté au milieu de la fosse, puis il descendit, ouvrant une large gueule où s'engloutit le salaire qu'il venait de gagner.

— Cet animal n'a point l'air si méchant que je l'aurais cru, dit Elisa.

— Il ne faut pas s'y fier, dit M. Delamarre, l'ours est sournois ; sous ce faux air de bonhomie, il cache un caractère vindicatif et même féroce. Tout le monde connaît l'histoire du pauvre vétéran qui, le soir au clair de la lune, trompé par l'éclat d'un bouton de collégien qu'il prit pour une pièce d'or, descendit à l'aide d'une échelle et trouva au bas Martin qui, après avoir renversé l'échelle, étrangla l'homme ; mais un autre Martin, je veux parler du célèbre dompteur d'animaux qui portait ce nom, m'a conté qu'étant un jour entré dans la loge de l'ours avec lequel il se croyait au mieux, vit l'animal se dresser tout à coup contre la porte pour lui barrer le passage, et étendit ses pattes de devant pour l'étouffer. Martin aurait moins redouté une panthère, un tigre et même un lion, car il savait qu'on ne pouvait intimider l'ours ; sans balancer un moment, il tira un poignard qu'il portait toujours avec lui, en cas d'accident, et le planta droit dans le cœur de l'animal qui tomba mort. Dans les autres fosses sont encore des ours ; mais voici, dans une fosse à part, l'ours blanc dont il est si souvent question dans les voyages aux mers polaires.

— Pourquoi donc balance-t-il continuellement son cou et sa tête? demanda Frédéric.

— Cet animal, qui vit principalement de poissons et de phoques, se trouve ordinairement sur des glaçons flottants. Il est probable qu'il parvient à imprimer un mouvement de progression ou une direction quelconque au glaçon qui le porte. Continuons à visiter les enclos. Voici le bizon, espèce de bœuf d'Amérique.

— Comme il a l'air féroce! dit Elisa.

— C'est un animal fort sauvage et fort laid ; il n'est point précisément féroce, mais il a toute la brutalité du buffle que vous voyez là-bas. Toutefois, le bizon pourra, par la suite, devenir un animal domestique. Les bizons se réunissent au nombre de six, huit ou dix mille dans les plaines immenses de l'Amérique septentrionale, pour se porter dans d'autres cantons ; et la rencontre de ces émigra-

Autruche noire, mâle.

Casoar de la Nouvelle-Hollande.

tions est fort dangereuse ; car on peut être renversé et foulé sous les pieds du troupeau entier.

— Voilà les autruches ! dit Elisa ; comme cet oiseau a l'air stupide ! Il doit courir bien vite avec ses longues jambes.

— En effet, dit M. Delamarre. Poursuivi par les chasseurs dans les déserts de l'Afrique, il dépasse, en s'aidant de ses courtes ailes, un coursier rapide. On en a vu dans les foires, portant sur leur dos un saltimbanque qui les dirigeait à l'aide d'une légère baguette, et qui marchaient légèrement nonobstant ce fardeau.

— Et là-bas ? qu'est-ce ? demanda la jeune fille.

— Cet autre oiseau presque aussi gros que l'autruche, qui se promène dans l'enclos voisin, à votre droite, est le casoar. Il habite la partie orientale du midi de l'Asie, et particulièrement les grandes îles de l'Océanie. Les ailes courtes dont les pennes ne sont que des tuyaux de plumes sans barbe, ne peuvent lui servir à voler ; mais il court presque aussi vite que l'autruche, quoique plus massif. Ses plumes grêles et noires ressemblent à du crin. On dirait le pelage d'un ours. Remarquez l'espèce de casque qui surmonte sa tête, il est formé d'une matière cornée ; le reste de la tête est couvert d'une peau d'un bleu céleste. Cet oiseau a pour défense son bec robuste, et les ruades dangereuses qu'il peut donner, en avant ou en arrière, avec ses énormes pattes.

— Oh! le bel animal, dit Frédéric.

— Arrêtons-nous ici pour voir les lamas, les vigognes et les alpagas, reprit M. Dalamarre. Ces animaux qui se ressemblent appartiennent à la même famille ; ils ont quelque rapport avec le chameau et sont très-dociles. Le lama sert de bête de somme dans le Mexique, son pays natal. De même que le chameau, il s'agenouille ; et si le fardeau imposé est trop lourd, il refuse de se relever, jusqu'à ce qu'on ait diminué le poids. La toison des lamas, qu'on essaie de naturaliser en France, peut servir à faire des étoffes et sa chair est bonne à manger. Voici un animal à peau tigrée comme la panthère. Je lis sur l'écriteau : guépard d'Abyssinie.

— Tiens ! je n'aurais pas cru qu'on mît des bêtes féroces, dans des enclos si peu solides, observa Frédéric.

— Le guépard, malgré quelque ressemblance avec les panthères et le jaguar, est un animal fort doux. On l'apprivoise aussi facilement que le chien. C'est pourquoi on le laisse sortir de sa cage et se promener dans son enclos. Toutefois, on a jugé prudent d'étendre un filet au-dessus de cet enclos, afin de lui ôter la possibilité d'aller rendre visite à ses voisines, les gazelles et les antilopes, avec lesquelles il serait moins amical qu'avec ses gardiens.

— Qu'est-ce donc que cette cloche que j'entends tinter de moment en moment ? dit Elisa.

Casoars de l'Inde.

— Ce sont les singes qui s'amusent dans leur palais.

— Oh! allons voir les singes, s'écria Frédéric! C'est si amusant, un singe!

— Vous voyez cette galerie semi-circulaire, c'est la demeure d'hiver des singes. Dans la belle saison, ils y rentrent à l'heure où le soleil perd de sa force. Cette grande rotonde en fer et en treillis, forme, au devant de l'hémicycle, une cour ronde dallée et garnie d'un bassin. On a réuni dans cette cour tout ce qui peut servir à faciliter aux singes leurs ébats : tels que cloches dont le tintement les amuse, balançoires, arbres branchus, cordes pendantes, galeries circulaires.

En ce moment même, leurs jeux étaient extrêmement animés. Ils se poursuivaient en faisant des sauts prodigieux et les grimaces les plus risibles. Ils grimpaient avec tant de prestesse, le long des colonnes en fonte, que l'œil avait peine à les suivre. Puis, du haut de cette colonne, ils s'élançaient dans l'espace, et saisissant une corde pendante, ils montaient jusqu'au faîte de l'édifice diaphane.

— Voici le mandril, continua M. Delamarre, c'est le plus fort et le plus grand des singes cynocéphales (c'est-à-dire à tête de chien); mais il est en même temps le plus méchant. Voyez comme les autres fuient son approche. Sa force égale au moins celle d'un homme, et il ne l'emploie qu'à faire du mal.

— Comment, monsieur, appelez-vous cet animal de la grosseur d'un chat et que poursuit ce gros singe? demanda Frédéric.

— Le premier est le coati, le gros singe est un papion.

— Mais, voyez donc, dit Elisa, comme il tourmente cette pauvre petite bête! Voilà qu'il lui tire la queue; bon, il se suspend au-dessus de la galerie à jour et lui prend une patte; le voilà remonté sur la galerie, il saute et ressaute par-dessus et lui fait une affreuse grimace, en ouvrant sa bouche comme s'il voulait l'avaler, tandis que le coati lui répond par un grognement de colère.

— Les animaux que l'on met avec les singes deviennent en général leur souffre-douleur, lorsqu'ils sont les moins forts, reprit M. Delamarre. Par exemple, on ne pourrait se figurer tout ce qu'ils ont fait endurer à un pauvre chat que l'on avait mis avec eux. C'est au point qu'il en est mort de consomption.

— Bon, voilà deux petits singes qui se battent, s'écria Frédéric. En voilà un autre beaucoup plus gros qui vient mettre le holà !

— C'est un papion que le peuple a surnommé le *sergent de ville* du palais de singes, où il s'est arrogé une sorte de souveraineté. Dès qu'il entend une querelle, il accourt séparer les combattants, et leur donne à chacun une correction pour leur apprendre à vivre en paix.

En quittant le palais des singes, on continua la revue des enclos :

— Voici le kanguroo, dit M. Delamarre. Ce curieux animal de la Nouvelle-Hollande, qui parvient à la grosseur d'un mouton, a les pattes de derrière six fois plus

Le Coati.

L'Ornithorynque paradoxal.

longues que celles de devant. Il ne marche pas, mais il peut, en sautant, franchir un espace de six mètres. Il se tient habituellement debout sur ses pattes de derrière repliées, et sa queue forte et musculeuse lui sert de point d'appui. Une poche placée sous le ventre de la femelle sert à abriter ses petits, lorsque quelque danger les menace. C'est d'ailleurs un animal herbivore, doux et paisible. Sa chair est très-bonne à manger. Maintenant, venez de ce côté, vous allez voir l'un des animaux les plus rares et les plus curieux du jardin des plantes, et provenant encore du même pays. C'est l'ornithorhynque, quadrupède bizarre, énigmatique, tenant à la fois du canard par son bec corné ; de la taupe, par la petitesse de ses yeux, son habitude de fouir le sol et de se creuser des terriers de dix à quinze branches ; du castor, par le choix de sa demeure sur les eaux, et par sa manière d'affermir la terre en la battant avec sa queue. Il pond des œufs comme les oiseaux. Un poil noirâtre le recouvre entièrement. L'ornithorhynque se nourrit d'insectes et de coquillages. On a trouvé, en le disséquant, qu'il a en outre des rapports nombreux avec les reptiles.

— Voilà en effet un singulier animal, dit Frédéric. Celui-ci est-il parvenu à toute sa grosseur ?

— Oui, il ne dépasse guère la taille d'un fort lapin.

— Voyez donc ce bel animal qui court dans cet enclos. Sa tête porte deux cornes courbées en spirale.

— C'est l'antilope, nommé nil-gaut, animal du nord de l'Hindoustan ; il est un peu plus grand que le cerf et a quelques rapports avec le chamois. On l'apprivoise facilement, et il peut vivre dans notre pays pour lequel ce serait une acquisition précieuse, car sa chair est fort bonne.

— En voilà un second, là-bas, dit Elisa.

— C'est l'antilope bubale ; il a beaucoup de rapports avec sa voisine, et habite également l'Asie. Voici le renne de Laponie, dont les services contribuent à rendre moins pénible le séjour de cette contrée si peu favorisée du ciel. Mais passons maintenant aux oiseaux. Remarquons d'abord le nandou, espèce d'autruche de l'Amérique. Cette construction garnie d'un treillage serré est la *faisanderie*. Elle renferme quelques espèces rares d'oiseaux de basse-cour et la plupart des volatiles qui font la joie des chasseurs. Dirigeons-nous de ce côté ; voilà un enclos au milieu duquel est une pièce d'eau. Voilà l'élégante demoiselle de Numidie, au plumage d'un beau gris cendré, ornée, sur le cou, d'une pèlerine d'un noir brillant. Deux belles aigrettes blanches la coiffent avec coquetterie. De même que la cigogne, cet oiseau se fait remarquer par des mouvements réitérés et bizarres, qui ressemblent tantôt à des révérences, tantôt à une danse originale. Voici des grues, un héron, un goëland et une foule d'autres oiseaux aquatiques. Voyez-vous ce corps de bâtiment ou plutôt cette galerie peu élevée

Jardin des Plantes. — Le Bubale.

Glouton terrassant un Renne.

Lo kakatoès.

ouverte par devant, et garnie d'un treillage en fil de fer? C'est la volière destinée
aux oiseaux de proie.

— Ah! les beaux oiseaux! s'écria Elisa, en voyant, dans la première loge, des perroquets, des perruches, des aras et des kakatoës, au plumage éclatant.

— En effet, reprit M. Delamarre, et il ne faut
pas confondre ces pauvres oiseaux avec les for-
bans de l'air, leurs proches voisins. Ils se contentent de faire grand bruit par leur cri et leur babil,
et semblent accoutumés à la captivité, tandis que
les farouches rois de l'air, détrônés et prisonniers,
fixent un œil désespéré sur les barreaux de leur
prison, et n'interrompent leur morne silence, que
pour jeter parfois un cri de colère. Les premières
cages renferment des aigles de divers pays; puis
viennent les pygargues de la famille des aigles.
Les cages suivantes nous montrent l'ignoble vautour qui ne s'acharne que sur des cadavres, car,
malgré sa force, le courage lui manque pour attaquer seul une proie vivante. Viennent ensuite le

Le Vautour-griffon.

grand gypacte ou grand vautour des Alpes, la buse, le milan, le noble faucon, le percnoptère, sorte de vautour auquel les Égyptiens rendaient un culte ; enfin, le célèbre condor, le plus grand des vautours et même de tous les oiseaux de proie. Il habite les montagnes du Pérou et du Chili. Dans son pays natal et à l'état de liberté, ses ailes acquièrent parfois quatre mètres et demi d'envergure. Au reste, il a les mêmes mœurs et les mêmes habitudes que le vautour commun.

— Mais, dit Frédéric, n'aperçois-je pas une tortue ?

— En effet, répondit M. Delamarre, nous arrivons à l'enclos destiné aux tortues, ces singuliers animaux auxquels il repousse un œil lorsqu'on le lui a arraché, et dont on peut vider la cervelle par un trou, pratiqué dans le crâne, sans lui ôter la vie.

— Vraiment ! s'écria la jeune fille étonnée.

— C'est M. Boitares, savant naturaliste, qui l'affirme, reprit M. Delamarre, et cela, du reste, a été constaté. C'est un fait acquis à la science. Toutefois le temps s'écoule, ajouta-t-il en tirant sa montre... Hâtons-nous de nous diriger vers la ménagerie des bêtes féroces, si nous voulons assister à leur repas que nous verrons de l'intérieur.

En entendant ces mots, Elisa parut un moment surprise et presque effrayée.

— N'ayez aucune crainte, mademoiselle, une bonne grille nous séparera d'eux.

M. Delamarre qui s'était pourvu de cartes d'admission pour les heures réservées, cartes que l'Administration distribue aux personnes recommandées, tant pour la

Condors.

ménagerie, que pour les galeries, fit entrer les jeunes gens dans le grand couloir intérieur de la ménagerie sur lequel s'ouvrent toutes les loges. Chaque loge est partagée en deux parties par une sorte de cloison, dans laquelle se trouve une porte à coulisse qu'on ouvre au moyen d'une corde et d'une poulie.

Les garçons de la ménagerie avaient préparé une énorme quantité de viande saisie sur le marché de Paris comme nuisible à la santé publique.

La distribution commença par les hyènes qui occupent les quatre premières loges. L'un des gardiens ouvrit d'abord une porte ménagée dans la grille qui sépare le couloir de la loge de derrière, mit dans cette loge des quartiers de viande ; puis la grille soigneusement refermée, il souleva la porte à coulisse dont nous avons parlé. A l'instant, les voraces animaux se précipitèrent de la loge de devant dans celle de derrière et se jetèrent sur leur proie.

— On a fait à la hyène une réputation de férocité qu'elle ne mérite pas, dit M. Delamarre. C'est un animal ignoble et lâche, vivant de cadavres qu'il déterre, et de charognes qu'il trouve dans le voisinage des habitations. Il est originaire d'Abyssinie et de Nubie. Il n'attaque point l'homme, et un enfant armé d'un bâton le mettrait en fuite. Voici un exemple de son excessive voracité que je n'oserais rapporter, si je ne l'avais vu moi-même : une hyène à qui l'on avait peut-être oublié de donner sa pitance journalière, s'était dévoré la moitié de la patte.

Les cinq loges suivantes étaient occupées par des lions et des lionnes d'Algérie, du Sénégal et du Sennaar. Ces animaux, dès que la coulisse s'ouvrit, parurent dans les loges de devant et se jetèrent sur les morceaux de viande choisis qu'on leur réserve ; car les lions, ainsi que les tigres et les panthères, dédaignent les chairs en état de décomposition que l'on réserve pour les hyènes, les loups, les chacals et les chiens.

En voyant à deux pas d'elle un lion qui, roulant des yeux sanglants, déchirait sa proie avec ses puissantes mâchoires et battait ses flancs avec la queue, Elisa recula jusqu'au mur opposé. M. Delamarre parvint à la rassurer un peu, mais elle continua, autant que possible, à s'éloigner de la grille.

— Vous ne courez pas le moindre péril, ma chère enfant, dit M. Delamarre. Les grilles sont solides et les portes bien fermées. Un pauvre Anglais n'eut pas le même bonheur. Laissé seul, il vit tout à coup s'ouvrir la loge du tigre que l'on avait oublié de fermer, et l'animal sortit et se promena dans le couloir. L'anglais épouvanté se colla contre le mur. Le tigre s'approcha et le flaira des pieds à la tête, en l'enveloppant de son souffle ardent ; l'anglais ne bougea pas ; le gardien entra dans ce moment, et à sa voix le tigre rentra dans sa loge ; le gardien courut aussitôt vers l'Anglais : il était mort d'une congestion cérébrale.

Après avoir assisté au repas des panthères de l'Inde, de Guinée, de Ceylan, de la

Le lion.

Les lions.

Chasse au Lion.

curieuse panthère noire de Java, et du jaguar d'Amérique, bête féroce plus redoutable encore que la panthère, on passa aux ours de Russie, des Asturies et à l'ours noir de la Louisiane. A celui-ci, on jeta deux pains bis ; aux autres, on joignit au pain quelques débris de viande.

— L'ours de l'Amérique du Nord n'est point carnassier, à ce que je vois ? demanda Frédéric.

— Oui, l'ours noir, répondit M. Delamarre ; mais l'ours gris de la même contrée, que l'on a surnommé l'ours terrible, est aussi redoutable par sa force et son courage que par sa férocité. Celui-là fait la guerre à tous les animaux et même aux hommes.

En quittant le couloir, on entra dans une salle où Elisa et son frère virent dans des cages plusieurs ani-

Chien loup.

maux de petite taille, tels que le chacal et autres quadrupèdes de la famille des chats, la civette, la loutre, des chiens, etc.

De là, on passa dans la cour, occupée par des niches où étaient enchaînées diverses variétés de loups et quelques chiens. Dans des cages grillées se trouvaient plusieurs chacals ressemblant au renard.

— Puisque nous avons vu la ménagerie, reprit l'aimable cicérone, allons jeter un coup d'œil sur les serres ; mais un moment, j'oubliais les reptiles.

On se dirigea vers la partie du jardin où ils se trouvent ; et comme Elisa parlait de la surprise mêlée d'un peu de frayeur qu'elle avait éprouvée en voyant un lion si près d'elle, et s'étonnait qu'on osât faire la guerre à un si redoutable animal, M. Delamarre tira de sa poche un numéro du *Journal des Chasseurs*.

— Ce journal renferme, dit-il, un épisode qui pourra vous intéresser. Il a pour héros le célèbre Gérard, ce zouave surnommé le *tueur de lions*.

« Un lion noir ravageait depuis plusieurs années les troupeaux du Douar des Mairia, situé près du jardin des lions. Appelé par les habitants du Douar pour les en délivrer, le courageux Gérard se rendit à cet appel. Pendant plusieurs nuits, il se posta et attendit l'animal sur son passage de la veille, mais ce fut en vain ; le lion ne venait jamais deux fois par le même chemin. Lassé d'attendre, l'intrépide chasseur alla se placer un soir au milieu même du jardin des lions, et près du seul gué qui se trouve dans cette immense gorge.

» Assis à quelques pas d'un étroit sentier et en partie caché par une énorme pierre,

Chasse au Tigre dans l'Inde.

Les Ours blancs de Sibérie.

Combat d'un Finmarkois et d'un Ours.

Le lion.

Gérard attendit quelques heures son terrible adversaire. Il était onze heures environ, lorsque le bruit de ses pas l'avertit de son arrivée. Notre chasseur s'apprête à le bien recevoir ; le lion, qui est doué du sens de l'odorat, quoi qu'en disent les savants, flaire de son côté la trace des pas de celui qui le guette, et pousse alors d'affreux rugissements. La lune était magnifique, ce qui permit à Gérard de le laisser approcher de quatre ou cinq pas pour l'ajuster sûrement.

» C'est lorsque le lion l'aperçut et qu'il rugissait de colère, que Gérard lui décoche au milieu du front une balle qui malheureusement rebondit et vient frapper à la tête ce courageux jeune homme. Au même instant, le lion s'élance vers lui, et, frappant de son poitrail la pierre qui le couvre, il la renverse sur ses pieds, ce qui le fait dévier et le force de passer à sa gauche. Prompt comme l'éclair et ne pouvant faire feu, attendu sa proximité, Gérard saisit son poignard qu'il a l'habitude de placer à côté de lui et hors du fourreau, en frappe à la tempe gauche l'animal ; mais la lame casse, et le lion poursuit sa route en poussant d'affreux rugissements.

» Ce fut avec la plus grande peine que Gérard put retirer ses pieds, fortement contusionnés de dessous la pierre où ils étaient pris. Il sortit enfin sain et sauf d'une lutte pendant laquelle il se croyait mort, mais son courage et son sang-froid s'étaient transformés en rage. Il racontait que, voyant le lion s'éloigner et ne pouvant se retirer du piége où il était pris, il avait un moment regretté de n'avoir pas lutté corps à corps avec lui, au lieu de le frapper avec son poignard. « Cependant j'aurais eu tort, a-t-il ajouté, car je puis encore le rencontrer et régler avec lui notre petite affaire. »

Comme M. Delamarre finissait l'article du *Journal des chasseurs*, on arriva devant le bâtiment mesquin décoré du nom de *galerie des reptiles*.

Admis dans l'intérieur, les enfants virent d'abord dans une cage cinq ou six jeunes caïmans nés dans la ménagerie.

— Cet animal, dit M. Delamarre, est le crocodile de l'Amérique. Il est fort commun dans les rivières de la Guyane. On en voit qui atteignent jusqu'à six mètres de longueur. Aux États-Unis, dans la Louisiane et la Caroline, on rencontre dans toutes les rivières le caïman à museau de brochet dont la voix ressemble au mugissement du taureau, et dont l'audace est si grande qu'il ne craint pas d'attaquer une troupe d'hommes. Il s'élance sur les animaux domestiques, tels que brebis, cochons ou bœufs, lorsqu'ils viennent se désaltérer, les saisit avec ses fortes mâchoires, les entraîne au fond de l'eau et les dévore après les avoir noyés.

— Oh ! les laids animaux ! dit Elisa, en voyant deux caméléons, perchés sur un support branchu ; mais ce sont des caméléons, dit-elle, en lisant l'inscription placée au-dessus ; je croyais que leur corps se couvrait de reflets irisés et changeants, tandis que je ne vois qu'une peau terne et grisâtre.

— Dans le pays natal, leur couleur éprouve, en effet, quelques modifications, dit
M. Delamarre; mais ici vous n'aperce-
vrez guère de changement sur ces corps
exténués et sans force vitale.

— Voici, dit Frédéric, plusieurs sortes
de lézards étrangers. Nos lézards gris et
verts sont beaucoup plus jolis.

— Nous venons de voir des caïmans,
reprit M. Delamarre, voici le crocodile;
mais il n'a pas atteint sa taille. Remarquez ces boas constricteurs et ces pithons.
Celui-ci, né à la ménagerie, est âgé de

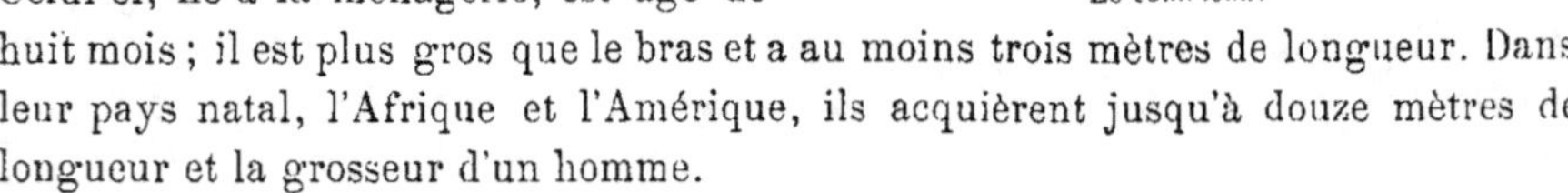

Le caméléon.

huit mois; il est plus gros que le bras et a au moins trois mètres de longueur. Dans
leur pays natal, l'Afrique et l'Amérique, ils acquièrent jusqu'à douze mètres de
longueur et la grosseur d'un homme.

— Ces serpents sont-ils venimeux? demanda Elisa.

— Aucunement, reprit M. Delamarre, mais ils n'en sont pas moins à craindre.
Semblable à un tronc d'arbre, ou à une grande poutre traînée rapidement parmi les
broussailles et les herbes sèches, le boa ou le pithon cherche à saisir une proie;

devant lui, les troupeaux de gazelles, les buffles, et même les bêtes féroces, fuient
épouvantés. Le voyageur, lorsqu'il aperçoit le sillon menaçant que le boa trace dans
les hautes herbes de la plaine, n'a d'autre ressource que d'y mettre le feu, afin d'arrêter la marche du monstrueux reptile.

— Mais, dit Frédéric, quelque gros que puisse être ce serpent, il ne peut avaler
un buffle, ni même une antilope, comme celles que nous venons de voir?

— Aussi ne l'avale-t-il pas tout d'un coup, répondit l'aimable naturaliste ; il
l'entoure de ses nœuds, l'étouffe, brise ses os, ou bien se roule contre un tronc d'arbre,
comprime et aplatit l'animal, allongeant cette masse informe et sanglante, de manière à pouvoir l'engloutir dans sa gueule qui se dilate d'une manière horrible.
Cependant, lorsque la proie est par trop volumineuse, le serpent ne l'avale que
graduellement, et à mesure que s'opère le travail de la digestion. Les jeunes boas
que vous voyez, dévorent de cette façon les lapins ou les pigeons vivants qu'on livre
mensuellement à leur voracité ; car le boa ne mange guère qu'une fois par mois.
Voici, continua M. Delamarre, des spécimens de ces effrayants reptiles, dont la
morsure tue souvent en quelques minutes. Celui-ci est la vipère des Pyramydes;
voilà le céraste ou serpent commun, le serpent à coiffe ou naja-haje d'Egypte ; enfin,
le terrible crotale de l'Amérique. Apercevez-vous, à l'extrémité de la queue de ce
dernier, des écailles offrant quelque ressemblance avec des boutons enfilés par le

Le Serpent à Sonnettes.

milieu ; leur bruissement, qui ressemble au froissement du parchemin bien sec, a fait donner au crotale le nom de *serpent à sonnettes*. Sa mâchoire supérieure présente, de chaque côté, une dent aiguë et retractile, comme les griffes du chat. Elle est percée d'un canal donnant issue au venin que secrète une glande placée sous l'œil. Le fait suivant, rapporté par un naturaliste distingué, donne la mesure du danger que présente ce venin.

« Un fermier fut mordu à la jambe, au travers de sa botte, par un serpent à sonnettes, qu'il n'avait ni vu, ni entendu. L'impression de la dent avait été si faible, que ce fermier crut avoir été piqué par une épine, et n'y fit aucune attention. Cependant, il mourut en quelques heures, dans de violentes douleurs, et avec des vomissements convulsifs. Un an après, son fils chaussa les bottes de son père, et, en les retirant le soir, il sentit une légère écorchure à la jambe · des souffrances très-vives ne tardèrent pas à le réveiller, et il expira également avant que l'on eût pu lui porter secours. Ces mêmes bottes passèrent ensuite aux pieds d'un frère du défunt, qui en reçut aussi une écorchure, à la suite de laquelle survinrent des douleurs, comme les deux premières fois, puis la mort. L'événement fit du bruit ; un médecin vint sur les lieux, prit des informations, interrogea les amis, les parents des trois victimes ; et enfin les bottes fatales lui furent montrées. En les examinant avec soin, il trouva, implanté dans le cuir de l'une d'elle, la pointe d'un crochet de serpent à sonnettes, un peu

saillante en dedans, et qui n'avait point été aperçue jusqu'alors. Il détacha ce crochet, et pour prouver que c'était bien là l'origine de la triple catastrophe, il en
piqua le museau d'un chien qui cessa de vivre peu de temps après. »

— Outre la cage formée d'un grillage très-serré, dit Frédéric, lorsque M. Delamarre eut terminé cet intéressant récit, une seconde cage en verre emprisonne les
serpents venimeux; c'est sans doute une précaution nécessaire, pour prévenir les
accidents.

— Nous avons vu, reprit M. Delamarre, ce qu'il y avait de plus remarquable
dans la ménagerie; visitons maintenant les galeries, en commençant par le premier
étage. Cette salle renferme des spécimens de toutes les espèces de chiens, depuis le
chien de montagne et celui de Terre-Neuve, jusqu'au petit chien anglais, décoré du
nom *King-Charles*. Vous n'y voyez point le loup, quoique le chien et le loup soient
congénères; mais il existe un abîme entre ces deux espèces. L'un est l'ami fidèle de
l'homme; l'autre, quoique pris jeune et élevé dans la domesticité, finit toujours
par reprendre son caractère féroce et sauvage. Vous voyez encore dans cette salle
les diverses races du bélier et du porc. Passons à la suivante. On a réuni ici
toutes les espèces de singes. Vous en avez déjà vu plusieurs à la ménagerie,
mais cette collection vous en montrera que vous ne connaissez pas. Voici toute la
famille des cynocéphales, singes à museau de chien, aussi intraitables que mé-

Bélier et brebis valaques.

Bouc cachemire du Jardin des Plantes, à Paris.

5

chants ; puis, viennent les singes hurleurs, les macaques, les gibbons, les guenons, les bajous, les babouins, l'ouandérou, et toute la famille des singes à queue prenante.

— Oh ! la grotesque figure ! s'écria Frédéric, en voyant les nasiques, auxquels un nez excessivement long donne une physionomie si ridicule.

— La figure du nasique est bizarre, dit M. Delamarre; mais en voici un que vous admirerez sans doute ; il est fort rare.

— C'est réellement un bien beau singe, dit Elisa qui lut sur l'étiquette *colobe guerera* d'Abyssinie. Ce manteau de poils, d'un blanc de neige, qui se détache sur le pelage noir du reste du corps, et ces faces également blanches qui entourent sa figure noire, lui donnent un air aussi majestueux qu'extraordinaire, et le distinguent de tous les autres singes que j'ai vus.

— Par compensation, voici l'orang-outang, ajouta Frédéric, quelle laide figure !

— C'est cependant, avec le chimpanzé, l'un des singes les plus intelligents, reprit M. Delamarre. Le capitaine Grandpré, dans son voyage d'Afrique, raconte qu'il embarqua sur son vaisseau un orang-outang, encore jeune, qui montrait une grande intelligence. On voulut un jour mettre cette intelligence à l'épreuve. On s'était aperçu qu'il aimait beaucoup l'anisette. Le capitaine fixa d'une manière inébranlable, une bouteille d'anisette débouchée sur la table de sa chambre, puis il laissa le singe seul, après avoir fait un petit trou à la porte, afin de suivre ses mouvements. Le singe commença par humer la liqueur, puis il fourra son doigt dans le goulot, le portant chaque fois à sa bouche ; mais la liqueur ayant baissé par suite de ces manœuvres, que fit le singe ? Je vous le laisse à deviner.

— Mais il cassa le goulot de la bouteille !

— Non, il fit mieux. Pour entretenir la propreté des chambres dans un navire, on répand quelquefois du sablon sur le plancher ; eh bien ! il en réunit une certaine quantité dans le creux de sa patte et la versa dans la bouteille ; la liqueur s'éleva dans le goulot, et il but comme la première fois. Il aurait continué ainsi jusqu'à ce qu'il eût vidé la bouteille, si l'on n'eût mis fin à ces libations qui eussent fini par nuire à sa santé. Mais je veux vous faire voir mieux que l'orang-outang ; venez par ici.

Et il conduisit les jeunes gens vis-à-vis du *gorille*, singe monstrueux du pays de Gabon (Afrique), que pour la première fois l'on voyait en Europe.

Frédéric et Élisa furent stupéfaits à la vue de cette étrange figure. Sa hauteur est celle d'un homme de moyenne taille, mais son torse est d'une largeur démesurée : sa tête hideuse est extraordinaire et a, de la mâchoire inférieure à l'occiput, 50 centimètres de hauteur ; son volume est le double de celui d'une tête humaine ; ses membres énormes annoncent une force prodigieuse ; ses doigts sont deux fois plus gros que ceux de l'homme. Un poil long et noirâtre recouvre tout son corps, à l'exception de la face, des pieds et des mains.

— J'ai vu ce singe au moment de son arrivée au Jardin des Plantes, dit M. Delamarre. On l'avait envoyé dans un tonneau d'esprit de vin pour le préserver de la corruption. Sa force, disent les nègres qui l'ont tué, égale celle de dix hommes. Aussi, ce singe adulte ne peut être pris vivant, car il se dégagerait de tous les piéges et briserait tous les filets. Voici l'opposé du gorille, c'est l'*ouistiti*, le plus petit et le plus joli des singes. Sa taille ne dépasse point celle d'un écureuil, mais il est difficile de le conserver vivant dans nos climats.

Après avoir examiné les makis, les loris, les tarsiers, etc., qui forment la transition entre les singes et les autres familles de quadrupèdes, on jeta un coup d'œil sur la riche collection de coquilles qui occupent le milieu de la salle et sont classées dans d'élégantes vitrines. L'une des plus remarquables est l'argonaute. On y voit aussi de nombreux polypiers et le grand poulpe de mer qui a été le sujet de tant de récits fabuleux.

— Cette autre salle renferme les crustacés, dit M. Delamarre. Vous seriez-vous imaginé, en voyant le nombre immense d'espèces rangées dans ces armoires vitrées et ces montres, que la seule section des crustacés pût offrir une telle variété de formes et de grandeurs. Eh bien! les salles consacrées aux autres sections de la zoologie vous feront éprouver la même surprise. Partout vous verrez la toute-puissance du Créateur se manifester dans cette variété infinie de formes, toujours appropriées au mode d'existence de chaque être sur le globe, et donnant à chacun de ces êtres l'instinct propre de sa conservation. Vous remarquerez encore que tous les êtres doués de vie forment une chaîne non interrompue, depuis le zoophyte jusqu'au mammifère le plus parfait. Voici la *langouste ornée* de l'île de France et le homard américain. N'admirez-vous pas la taille énorme de ces crustacés? Je crois bien qu'ils pèsent chacun sept ou huit kilogrammes.

— Mais tous les noms que je vois écrits sur ces étiquettes me semblent bien longs et bien barbares, dit Frédéric, je n'en reconnais aucun.

— Il a bien fallu créer des noms pour les espèces nouvelles, répondit M. Delamarre ; quant aux espèces précédemment connues, elles portent les noms des ordres, des familles et des tribus auxquels elles appartiennent. Malheureusement, la plupart de nos savants, en modifiant une classification, en transportant d'une famille à une autre un être quelconque, se croient obligés de lui forger un nouveau nom. Souvent même, ils changent celui de la famille. La botanique surtout nous offre de fâcheux exemples de cette manie scientifique. Voici les *gécarcins*. Ce sont des crabes connus aux Antilles sous le nom de *Tourlouroux*. Ils vivent dans l'intérieur des terres et se creusent de profonds terriers. Lors de la saison des pluies, ils se réunissent en troupes innombrables, et, guidés par l'instinct, ils se rendent en ligne droite vers la mer sans se détourner ; ils escaladent les maisons, franchissent des rochers, déracinent les plantations qui pourraient gêner leur passage. Arrivés à la mer, ils s'y baignent, et les femelles déposent leurs œufs dans le sable ; puis, ils reprennent le chemin de leurs demeures, mais si faibles, si exténués que la plupart périssent en chemin.

— Ma sœur! interrompit Frédéric, en voilà un que je connais : c'est Bernard l'ermite.

— Ce pagurien, continua M. Delamarre, s'empare toujours d'une coquille vide pour y établir sa demeure. Vous comprendrez facilement la cause de cette habitude, lorsque vous saurez que la partie inférieure de son corps est nue et sans défense, tandis que le haut du corps est cuirassé à la manière des écrevisses. Lorsque ce crustacé grandit, il cherche une nouvelle demeure. Si on retire deux pagures de leurs coquilles et qu'on n'en laisse qu'une seule auprès d'eux, ils s'en disputent la possession avec acharnement. Passons dans la salle suivante destinée aux reptiles. Vous voyez attaché au plafond l'énorme gavial, crocodile indien à museau allongé. A côté, d'autres crocodiles de toutes les grandeurs et de toutes les espèces se pressent les uns contre les autres entremêlés de caïmans d'une autre taille que ceux que vous avez vus vivants. Cette immense quantité de bocaux, placés dans les armoires vitrées, renferment toutes les espèces connues de serpents, de lézards, de grenouilles et salamandres.

Après avoir jeté un coup d'œil assez superficiel sur cette multitude de reptiles conservés dans de l'esprit de vin, M. Delamarre et les jeunes gens entrèrent dans les salles consacrées aux poissons, qu'on y a réunis au nombre de 6500 individus, formant 2800 espèces distinctes.

M. Delamarre fit remarquer à Frédéric la lamproie qui se fixe sur les gros poissons comme la sangsue, les déchire et les tue par la succion. Sa chair est très-estimée.

— Voilà, dit-il, la famille des squales dont le terrible requin fait partie. Ce poisson hardi, féroce, insatiable, est l'effroi des navigateurs. Il a jusqu'à 8 mètres de longueur. Le marteau est de la même famille ; ses yeux sont situés aux extrémités du marteau que figure sa tête, tronquée et allongée latéralement. Cette espèce de monstre marin a jusqu'à quatre mètres de longueur. Quoique la forme des raies soit fort différente de celle du requin, elles appartiennent à la même famille. Le poisson le plus singulier de ce groupe est la *torpille*. Il ressemble, comme vous le voyez, à une petite raie, mais il est pourvu d'un fluide électrique si abondant, qu'il donne aux pêcheurs une commotion violente. Il en résulte un engourdissement qui dure plusieurs heures. Ce fluide est l'arme avec laquelle la torpille combat ses ennemis. Au plafond, vous voyez suspendue une foule d'espèces de raies aux formes bizarres et fantastiques. Ce grand poisson est l'esturgeon dont la chair est si estimée. Il acquiert jusqu'à huit mètres de longueur. Voici des poissons qui possèdent **la** faculté de se gonfler

Départ des pêcheurs.

Retour des pêcheurs.

comme un ballon, en sorte que les épines qui garnissent leur peau se relèvent, et leur servent de défense : ce sont les *diodons* et les *tétrodons*. Le saumon et la truite dont vous voyez ici plusieurs espèces sont, comme vous ne l'ignorez pas, très-estimés sur nos tables. La rapidité avec laquelle ils nagent est incroyable. Le saumon franchit 8 mètres en une seconde. C'est la vitesse moyenne d'une locomotive, et la truite remonte les chutes d'eau et les cataractes et s'élève ainsi dans les Alpes jusqu'à 4000 mètres au-dessus des eaux de la mer. Je vois que vous passez sans vous arrêter vis-à-vis le hareng et ses congénères. C'est cependant le plus utile des poissons. Souvent il forme la principale nourriture du pauvre et occupe des milliers de pêcheurs. Chaque année, les harengs arrivent sur les rivages d'Europe en légions ou bancs serrés de plusieurs lieues de longueur. D'où viennent-ils? où vont-ils? On l'ignore. De pareils bancs se montrent en même temps sur les côtes septentrionales d'Asie et en Amérique.

— Rien ne doit être intéressant comme de voir l'embarquement et le retour des pêcheurs ! dit Elisa.

— Arrêtons-nous vis-à-vis de l'*exocet* ou *poisson volant*, reprit M. Delamarre. Vous voyez que ces nageoires pectorales sont d'une grandeur telle, qu'elles peuvent le soutenir pendant quelques instants en l'air, ce qui lui donne les moyens d'échapper à la voracité des poissons qui le poursuivent. Après l'exocet, vient l'utile famille des gadoïdes, qui renferme la morue, le merlan, les lottes, et une foule d'autres poissons. Les morues sont d'une telle fécondité, qu'un seul poisson renferme jusqu'à neuf millions d'œufs. Elles se rendent par masses immenses au banc de Terre-Neuve, dans l'Amérique du Nord. Ce banc est entièrement couvert par les morues. Dans une seule année, cette pêche a occupé jusqu'à 20,000 matelots anglais. Voici toute la famille des pleuronectes, ou poissons plats, tels que plies, soles, turbots, etc. Arrivons au gymnot électrique. Ce poisson de l'Amérique méridionale a la forme d'une anguille. Sa taille va jusqu'à deux mètres. De son corps gluant et parsemé de taches jaunâtres, sort un fluide électrique, fort abondant, qu'il dirige à volonté. Cette force électrique peut tuer à distance, et foudroyer des bœufs et des chevaux. Il surprend même le pêcheur à la ligne, lorsque, placé sur le rivage, un gymnote mord à l'hameçon ; une secousse terrible, produite par le fluide, remontant le long de la ligne mouillée, lui fait aussitôt lâcher sa proie.

— Quel est donc ce grand poisson, dont le museau se termine en forme de long épieu ? demanda Frédéric.

— C'est l'espadon ; il habite nos mers. De même que la scie, que nous verrons dans une autre galerie, il fait une guerre acharnée à la baleine, dont il perce le ventre avec son arme redoutable. Sa chair est très-bonne.

Dans la dernière salle, les jeunes gens remarquèrent deux groupes d'énormes

L'Espadon.

boas empaillés, entourant de leurs anneaux écailleux des troncs d'arbres branchus. Ensuite, ils suivirent un galerie parallèle à la première salle, également consacrée aux poissons. De grandes tortues de mer sont suspendues à son plafond.

— On divise la famille des tortues, en tortues de mer et tortues de terre, dit M. Delamarre. Toutes deux sont pourvues d'une carapace, couvrant entièrement le dos, et d'un plastron, défendant les parties inférieures du corps. Parfaitement soudées l'une à l'autre, ces deux parties ne laissent d'ouverture qu'aux extrémités, pour le passage de la tête, des jambes et de la queue ; en sorte que, menacée par quelque danger, elle fait rentrer profondément dans sa cuirasse ses diverses parties. Les reptiles peuvent vivre longtemps sans manger ; mais, chez la tortue, cette faculté est poussée fort loin, puisqu'elle peut, sans trop souffrir, rester un an, et même dix-huit mois, privée de nourriture. Les grandes tortues de mer ont jusqu'à trois mètres de longueur. Les Indiens emploient leur carapace pour couvrir leurs cabanes, et elles servent de nacelles aux enfants.

— Nous voici au bout de la galerie, dit Elisa ; montons au second étage du musée.

Ils se trouvèrent dans la galerie consacrée aux oiseaux, renfermant 7,000 individus, appartenant à environ 2,500 espèces.

De même qu'au premier étage, le milieu de la galerie est occupé par des vitrines contenant les coquillages les plus beaux et les plus rares. Au-dessus, s'élèvent d'autres vitrines placées verticalement, et renfermant des insectes.

— Un examen détaillé de toutes ces richesses ornithologues, nous prendrait un temps trop considérable et finirait par jeter de la confusion dans votre esprit, dit M. Delamarre. Contentons-nous de parcourir cette vaste galerie, en admirant les œuvres du Créateur. Toutefois, j'aurai soin d'appeler votre attention sur quelques familles d'oiseaux remarquables. Ne nous arrêtons pas devant l'autruche, le casoar et le nandu (nandou), que vous avez vus vivants. Voici le messager ou secrétaire, oiseau d'Afrique, qui fait la guerre aux serpents. Transporté dans quelques-unes des Antilles, il s'y est multiplié, et a purgé le sol de ces dangereux hôtes. Passons les oiseaux de proie. Voici la grande famille des oiseaux nocturnes : hiboux et chouettes. Cachés dans les bâtiments ruinés, blottis dans les ténèbres, ils attendent le crépuscule ; alors, seulement, ils distinguent nettement les objets imperceptibles pour les autres animaux. Ils volent sans bruit, et fondent sur les petits oiseaux déjà endormis, les tuent d'un coup de bec, et les engloutissent tout entiers ; puis, par une propriété particulière à l'estomac des oiseaux de nuit, les parties indigestibles, telles que les os et les plumes, enveloppées et roulées dans la peau, sont rejetées sans effort sous la forme d'une petite pelotte. Cette suite d'armoires vitrées renferme l'ordre des passereaux, comprenant un nombre infini d'espèces : voici la pie-grièche, le plus courageux, mais le plus

Le Hibou de la Guiane.

Le Nandou.

Le Secrétaire.

Un Nid d'Effraies.

querelleur d'entre les oiseaux. Elle ne craint pas de livrer bataille à un adversaire supérieur en taille et en force. La pie-grièche, voisine de la famille des oiseaux de proie, est dominée par des habitudes féroces et destructives. Arrêtez-vous un moment devant les tangaras, petits oiseaux du Nouveau-Monde, dont la beauté et la grâce égalent la douceur et la sociabilité ; malheusement, leur chant manque de mélodie. Voici la famille des merles. Vous voyez que le vêtement de deuil de notre merle se change, dans les espèces appartenant aux autres parties du monde, en plumages variés des plus éclatantes couleurs. Après les merles, viennent les gobe-mouches, puis les bec-figues, parmi lesquels le rouge-gorge, la fauvette et le rossignol brillent par leur chant harmonieux. Le rossignol par la pureté, l'expression et la variété de son chant, est toujours le coryphée ; mais c'est surtout

Fauvette des roseaux et son nid.

le soir quand tout se tait autour de lui, qu'il déploie toute l'étendue de son inimitable gosier ; on l'entend alors à plus d'un quart de lieue de distance. Ses couplets, parmi lesquels on a compté seize reprises, ou motifs différents, sont diversifiés à l'infini, et cependant, une seule octave produit tous ces effets ! Arrêtez-vous un moment devant les manakins, pour admirer la richesse des couleurs qui décorent les mâles de cette famille exotique. Leurs mœurs sont sauvages ; ils meurent en captivité. Passons des alouettes que vous connaissez suffisamment, aux mésanges, oiseaux vifs et hardis, mais perfides et cruels. Voici la famille des moineaux ; quelques espèces nous abandonnent l'hiver, d'autres ne quittent point les lieux qui les ont vues naître. On se plaint beaucoup du tort que ces pillards font aux moissons; mais par compensation, ils détruisent une quantité innombrable d'insectes nuisibles. Dans un canton d'Allemagne, on avait offert une prime pour la destruction des moineaux ; les pauvres

Mésange à longue queue et son nid.

oiseaux décimés, épouvantés surtout par le bruit d'une fusillade presque conti-
nuelle, abandonnèrent le pays, mais les années suivantes, les récoltes furent atta-
quées par une telle multitude d'insectes, qu'on fut obligé d'offrir une prime aux
personnes qui rapporteraient dans le canton des couples de moineaux. Cette famille
comprend le bouvreuil, le bruant et l'ortolan, dont la chair est si estimée.

— Nous en avons mangé dernièrement, observa Frédéric.

— Ne nous arrêtons pas devant les étourneaux, oiseaux turbulents, bavards et
querelleurs. Cependant, quelquesespèces d'Amérique sont fort belles. Voici le corbeau,
la corneille, le freux, le choucas et la pie. Cette famille dont le noir plumage n'offre
rien de remarquable en Europe, renferme cependant les plus magnifiques oiseaux
exotiques, c'est-à-dire les *oiseaux de paradis*. L'opinion que les paradisiens n'ont pas
de pieds, a longtemps régné en Europe, et a donné lieu aux fables les plus absurdes ; n'ayant pas de pieds, ils ne pouvaient se nourrir, se multiplier ni se reposer
comme les autres oiseaux. Il fut donc établi que ces oiseaux volaient perpendiculairement, se nourissant de la rosée du ciel et allaient poser leur nid au Paradis. Ces
contes absurdes tombèrent, lorsqu'il fut démontré que le paradisien avait des pieds,
mais que les Indiens de la Nouvelle-Guinée, d'où viennent ces beaux oiseaux, avaient
l'habitude de les leur retrancher. La famille des rolliers, qui se présente ensuite,
brille des plus vives couleurs dans la plupart des espèces exotiques; leur plumage offre

en général un bleu magnifique, passant par toutes les nuances du pourpre et du vert. Les hirondelles dont vous voyez ici la famille nous offrent un sujet d'observation intéressante. Vous n'ignorez pas qu'elles passent chaque année des pays chauds aux pays tempérés. Leur retour dans ces derniers annonce ordinairement celui des beaux jours. Elles se répandent dans les villes, dans la campagne, et chacune vient reprendre sa demeure. Quel est donc cet instinct admirable qui, les guidant à travers les mers, à travers de vastes contrées, leur indique l'endroit précis où elles avaient édifié leur nid? Ce nid, construit avec une sorte de ciment de terre gâchée par une substance glutineuse que secrète l'oiseau par le bec, en forme une véritable bâtisse.

— Mais de quoi se nourrissent les hirondelles? demanda Frédéric.

— Les hirondelles détruisent une quantité prodigieuse d'insectes. C'est vraiment un crime de lèse-agriculture que de les tuer. Il en est de même pour la famille des bec-figues dont nous venons de parler.

— Tiens! voici une huppe, s'écria Elisa.

— La huppe appartient à la famille des promérops, c'est un assez joli oiseau d'Europe dont la tête est ornée d'une huppe qu'elle abaisse ou redresse à volonté. La huppe s'apprivoise facilement. Les promérops sont des oiseaux magnifiques, habitant l'Afrique et l'Asie.

— Qu'aperçois-je là bas? dit Frédéric.

Les Hirondelles.

— C'est une vitrine à huit pans, semblable à une tour en verre. Voyez de quelle innombrable quantité de petits oiseaux elle est remplie. Ce sont des colibris et des oiseaux-mouches. Rien ne surpasse la magnificence de leur plumage où brillent l'or, l'azur, l'émeraude et le rubis.

Frédéric et Elisa ne se lassaient point de les examiner.

— Mais de quoi peuvent vivre de si frêles créatures? demanda cette dernière ; en voilà un dont le corps est moins gros que celui d'un hanneton.

— Ils ont la même nourriture que l'abeille. Ils plongent leur langue effilée dans la corolle des fleurs, autour desquelles ils voltigent comme le papillon, et ils en recueillent le miel.

— Leurs œufs doivent être bien petits?

— Ils sont tout au plus gros comme un pois, et le nid a la grandeur et la forme d'une coquille de noix. Mais ce qui est remarquable, c'est le courage avec lequel ils défendent leur couvée. Le plus dangereux ennemi de l'oiseau-mouche est la mygale, araignée énorme que vous voyez dans une montre vitrée, et dans la toile de laquelle ils se prennent facilement. Les colibris et les oiseaux-mouches appartiennent à l'Amérique. Les souï-mangas, petits oiseaux du même genre et non moins beaux, ne se trouvent qu'en Asie et en Afrique.

— En voici un que je connais, dit Elisa.

— C'est l'alcyon ou martin-pêcheur. Celui d'Europe est, comme vous le voyez, de la grosseur d'une alouette. Il fréquente le bord des eaux ; dès qu'il aperçoit un petit poisson, il s'élance perpendiculairement dessus, avec la vitesse d'un trait, le saisit dans son bec et l'emporte à terre où il le déchire et le mange.

— Voyez donc les singuliers oiseaux ! dit Frédéric en montrant les calaos ; leurs becs si ridicules par leur grandeur sont encore surmontés d'une excroissance en forme de casque. A quoi donc cela peut-il leur servir ?

— Soyez certains qu'ils ont été créés ainsi dans un but quelconque que nous ne pouvons apprécier, car les mœurs des calaos n'ont pas été assez étudiées pour cela. Au reste, ces oiseaux qui habitent l'Afrique et l'Asie vivent de fruits aromatiques, de charognes et d'insectes. Voici les toucans, autre famille dont le bec est également énorme, mais il est dépourvu de l'excroissance. Ce bec colossal semble devoir fatiguer extrêmement l'oiseau, mais la substance mince et légère dont il est formé, lui permet de conserver l'équilibre. Ce bec étant impropre à briser les graines, le toucan les jette en l'air et les engloutit sans les broyer. La langue de cet oiseau n'est pas moins extraordinaire ; longue, étroite, aplatie et accompagnée de barbes serrées de chaque côté, elle présente exactement la forme d'une plume. Les toucans qui ont quelque rapport avec les perroquets sont remarquables par les belles couleurs de leur plumage. Ils habitent l'Amérique méridionale. La famille des pies se fait remarquer

Les Lagopèdes, ou Perdrix de neige aux pieds poilus.

Coq des Gattes ou coq de Sonenrat.

par l'éclat de son plumage varié de plusieurs nuances. Voici le pic de nos contrées. « De tous les oiseaux, dit Buffon, que la nature-force à vivre de la grande ou de la petite chasse, il n'en est aucun dont elle ait rendu la vie plus dure, que celle du pic ; elle l'a condamné au travail, et, pour ainsi dire, à la galère perpétuelle, tandis que les autres ont pour moyens la course, le vol, l'embuscade, l'attaque, exercices libres, où l'adresse et le courage prévalent. Le pic, assujetti à une tâche pénible, ne peut trouver sa nourriture, qu'en perçant les écorces et la fibre dure des arbres qui la recèlent : occupé sans relâche à ce travail de nécessité, il ne connaît ni délassement, ni repos ; souvent même, il dort et passe la nuit dans l'attitude contrainte de la besogne du jour. Il ne partage pas les doux ébats des autres habitants de l'air : il n'entre point dans leurs concerts, et n'a que des cris sauvages, dont l'accent plaintif, en troublant le silence des bois, semble exprimer ses efforts et sa peine. Ses mouvements sont brusques, il a l'air inquiet, les traits et la physionomie rudes, le naturel farouche ; il fuit toute société, même celle de son semblable. » Examinons pendant quelques instants la brillante famille des perroquets. Nous avons vu à la ménagerie les plus beaux individus, les plus remarquables de ce groupe, qui est dispersée dans les parties chaudes des deux continents. Passons la famille bien connue des pigeons, des perdrix et des gallinacées, pour arriver aux faisans. Cette belle famille, étrangère à l'Europe, comprend le faisan ordinaire, le paon, le dindon et la pintade.

— Oh ! le bel oiseau, s'écria Frédéric à l'aspect de la lyre.

— Cette famille ne renferme que le magnifique oiseau que vous avez sous les yeux. Vous voyez que ses deux larges rectrices relevées et courbées en S forment ensemble la figure d'une lyre. Le plumage de cet oiseau est noir, mais j'en ai vu un d'une blancheur parfaite dans une collection particulière à Nîmes. Remarquez cet oiseau du Brésil, monté sur de longues jambes, c'est l'agami du Brésil. Son intelligence lui donne une grande supériorité sur les autres oiseaux de la basse-cour dont il devient le gardien et le défenseur au pâturage. Nous voici arrivés à la grande division d'oiseaux, comprise sous le nom d'échassiers à cause de la longueur de leurs pattes, et dont les principales familles sont celles des grues, des hérons, des cigognes, des bécasses, des pluviers, des vanneaux, etc. On remarque

L'Agami

dans cet ordre le flamant, grand oiseau au plumage couleur de feu, l'ibis que les Egyptiens avaient placé au nombre de leurs dieux, parce qu'il détruisait les reptiles dont le sol de l'Egypte était infesté après les inondations périodiques du Nil. Les palmipèdes, oiseaux à pieds palmés, constituent un autre ordre composé des canards, cygnes, oies ; mais la famille la plus remarquable de ce groupe est celle du pélican qui comprend la frégate, le corfou et le cormoran. Après l'albatros qui a le corps plus épais, et le flamant qui monte sur des jambes plus longues, le pélican est le plus grand des oiseaux d'eau.

La Cigogne.

— Qu'est-ce donc que cela? dit Elisa.

— Ah ! je vois que vous allez me demander quel est l'usage de cette espèce de poche suspendue à sa mandibule inférieure. Lorsqu'elle est étendue et dilatée, cette poche peut contenir quinze litres d'eau ou renfermer assez de poisson pour la nourriture de six personnes. Cette poche est donc le garde-manger du pélican ; c'est là qu'il entasse le produit de sa pêche. Dès le matin, il plane au-dessus de la mer, et lorsqu'il aperçoit un poisson à la surface de l'eau, il fond dessus avec la rapidité de la foudre, et frappant l'eau de ses puissantes ailes , il la fait bouillonner et jaillir ; le poisson étonné, étourdi, entre dans le sac avant même d'avoir aperçu le danger. Le pélican continue sa pêche jusqu'à ce que son garde-manger soit plein ; alors il va se percher sur quelque rocher et savoure sa proie, en se livrant par intervalles au sommeil, jusqu'à ce que ses provisions soient épuisées.

— Peut-on apprivoiser cet oiseau ? demanda Frédéric.

— Les Chinois savent non-seulement l'apprivoiser, mais le dresser pour la pêche. Ils visitent le sac à son retour, en retirent les plus beaux poissons et n'y laissent que quelques fretins pour l'obliger par la faim à retourner au travail. La frégate est remarquable par la longueur de ses ailes. Elle peut se soutenir dans les airs toute une journée. Cet oiseau n'a point de poche comme le pélican, mais, excité par sa voracité, il a recours à la force pour rassasier son appétit immodéré. Lorsqu'il aperçoit dans les airs un corfou ou un cormoran fortement repu, il fond sur eux, et les oblige à dégorger le poisson qu'ils n'ont pas eu le temps de digérer ; puis, faisant un crochet, il passe en dessous et saisit sa proie avec une adresse étonnante. Voilà le blanc albatros, qui, par sa voracité et ses habitudes dégoûtantes, a mérité le nom de

La Cigogne blanche au repos.

Le grand Corfou des îles Malouines (Patagonie.)

Céréopsis de l'Australasie

vautour de la mer ; puis, les pingouins et les manchots formant la transition entre les poissons et les oiseaux. Leurs ailes sont remplacées par des ailerons, recouverts de rudiments de plumes, ayant l'apparence d'écailles et servant de nageoires. Ils se tiennent debout, assis sur leur croupion, dans la position où vous les voyez ; ils courent fort mal et ne sauraient voler ; mais ils nagent et plongent aussi vite que le poisson le plus agile. Regardez en haut, ajouta M. Delamarre ; vous verrez attachées au plafond plusieurs espèces de phoques, autre transition entre les quadrupèdes et les poissons. Voilà le veau-marin, le phoque le moins grand, mais le plus intelligent de son groupe. Avant de quitter la galerie d'ornithologie, jetons un coup d'œil sur ces beaux coquillages, sur ces insectes d'Amérique et particulièrement sur ces magnifiques papillons.

— Voilà des nids de guêpes de Cayenne bien curieux ! dit Frédéric. Ces nids de fourmis et de termites du même pays ne le sont guère moins. Que de choses curieuses réunies dans ces cadres ! Il faudrait des mois entiers pour les examiner une à une.

— Dites des années, mon cher Frédéric, reprit M. Delamarre ; car, rien que pour la classe des invertébrés, c'est-à-dire, des animaux sans vertèbres, crustacés, arachnides, insectes et mollusques, on compte au delà de quarante mille échantillons.

— Mais que signifie ce grand morceau de mousseline d'une blancheur éclatante, suspendue dans cette montre vitrée? Regardez-le donc, Elisa, ajouta Frédéric, qui venait de lire l'étiquette placée au-dessus.

— Mais c'est de la très-belle mousseline des Indes, à peine en voit-on le tissu.

— Eh bien! lis, ma sœur : toile d'une araignée (espèce indéterminée). Si nous avions de telles filandières et que l'étoffe fût aussi solide qu'elle le paraît, cette araignée ferait concurrence à nos fabriques.

— Avant d'entrer dans la galerie des mammifères, jetez un coup d'œil sur ces œufs d'oiseaux, reprit M. Delamarre.

— Oh! quel œuf énorme, s'écria Frédéric, en voyant à côté des œufs d'autruche et de casoar, celui de l'épiornis géant, trouvé récemment à Madagascar.

— En effet, ajouta l'aimable cicerone, cet œuf peut avoir 30 à 32 centimètres de longueur sur 20 de large ; seul, il aurait suffi pour la nourriture de huit ou dix personnes.

— Mais quelle est donc la taille de cet oiseau? demanda Elisa.

— On suppose, d'après quelques ossements trouvés dans le pays, qu'il avait environ 5 mètres de hauteur. On n'a trouvé aucun épiornis vivant, à Madagascar. Il est toutefois possible que les vastes forêts, qui couvrent l'intérieur de cette grande île, en cachent encore quelques-uns.

Les mammifères sont disposés dans plusieurs parties du Muséum. Dans une salle

Les Pangolins.

du premier étage, sont les singes dont nous avons déjà parlé. Au second étage, à gauche, aux deux extrémités de la longue galerie d'ornithologie, on trouve de vastes salles consacrées aux mammifères. Enfin, le rez-de-chaussée présente une galerie, où l'on a réuni les plus grands animaux de cette classe. Quinze mille mammifères, formant cinq mille espèces, sont classés dans de profondes armoires vitrées.

— Ne nous arrêtons point, dit M. Delamarre, devant les animaux que vous avez vus à la ménagerie. Ainsi, passons ces kangarous, ces ours, ces coatis ; mais voici, dans la galerie suivante, les pangolins et les tatous, animaux innocents, défendus par une armure écailleuse qui couvre leur dos. Ils habitent l'Amérique méridionale. A l'approche d'un ennemi, ils se roulent en boule, et lui présentent une cuirasse à l'abri des dents et des griffes. Vous remarquerez que les écailles du pangolin sont disposées comme les feuilles d'un artichaut, tandis que celles du tatou forment des plastrons, rangés en bandes transversales. Cet animal à museau pointu, est le fourmilier. Il est privé de dents, mais il n'en a pas besoin, puisqu'il vit de fourmis et de termites. Ses pattes antérieures sont pourvues d'ongles puissants, dont il se sert pour faire une brèche aux demeures de ces insectes, demeures qui sont fortement maçonnées, et ont la forme d'une hutte de sauvages. Lorsqu'il y a fait une ouverture, on voit sortir de son long museau, une langue visqueuse qui s'allonge énormément, en forme de ver de terre ; il l'introduit dans la fourmilière, et la retire bientôt couverte de fourmis. Le fourmilier répète cette opération, jusqu'à ce que sa faim soit satisfaite. On connaît trois espèces de fourmiliers. Le plus petit est de la grandeur d'un rat, et le plus grand, de celle d'un fort chien. Voici les bradypes ou paresseux, dont on

Le Paresseux.

distingue deux espèces : l'aï et l'unau. Voyez l'air stupide de celui-ci, ses longs bras, son poil qui ressemble à de l'herbe sèche, son air triste et malheureux. Ces animaux marchent avec une peine extrême ; aussi toute leur vie se passe-t-elle sur les arbres, où ils se suspendent à l'aide de leurs longues griffes en dessous des branches. L'aï et l'unau ne quittent pas un arbre, qu'ils n'en aient dévoré toutes les feuilles, et comme dans les épaisses forêts de l'Amérique, les arbres, voisins les uns des autres, entrelacent leurs branches, il n'est presque jamais obligé de descendre à terre.

Voilà l'echiné, quadrupède ovipare, non moins bizarre que l'ornithorhynque, que vous avez vu dans la ménagerie, et comme celui-ci, dépourvu de dents ; son corps est

Écureuil Suisse ou de Moscovie.

couvert de piquants et de quelques poils. Le fort ergot, que le mâle porte aux pieds, laisse, dit-on, fluer une liqueur venimeuse. De même que l'ornithorhynque, il est confiné dans la Nouvelle-Hollande.

— Tiens! un écureuil, dit Elisa.

— Nous voici arrivés à la grande famille des rongeurs, reprit M. Delamarre ; elle comprend, comme vous le voyez, les écureuils, les marmottes, les gerboises, les loirs, les rats, les hamsters, les lemmings, les campagnols, les coendous, les porcs-épics, et bien d'autres familles. Vous vous arrêtez devant le castor, continua M. Delamarre. C'est également un ron-

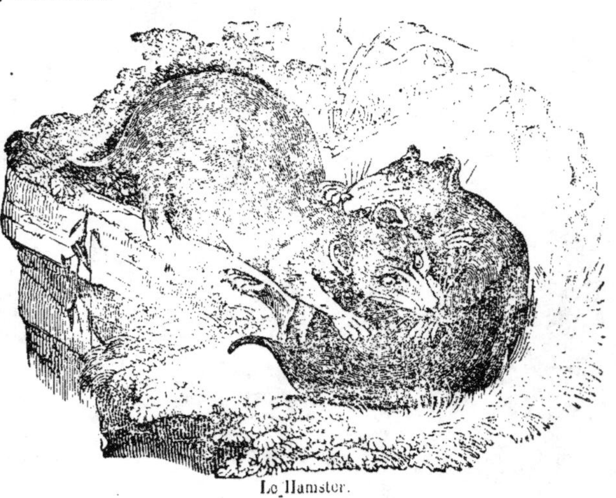

Le Hamster.

Le Campagnol ordinaire.

geur. Nos castors d'Europe, ceux par exemple que l'on trouve sur les rives les plus écartées du Rhône se contentent de creuser des terriers, mais les castors, que l'on trouve dans les vastes déserts de l'Amérique septentrionale, où ils ne craignent pas d'être troublés dans leurs travaux, coupent des arbres avec leurs dents, les traînent dans les rivières, et élèvent des digues maçonnées avec de la terre. Sur ces digues ils bâtissent des cabanes, dont les murs sont enduits de mortier de terre. Ils se servent pour cela de leur queue large, plate et écailleuse, comme d'une truelle. Chacune de ces cabanes sert pour une famille, et ils y entassent les provisions d'écorce dont ils font leur nourriture.

— Quelle énorme chauve-souris ! dit Elisa avec un geste d'effroi.

— Nous arrivons aux animaux carnassiers. D'abord, se présentent les chauves-souris, êtres bizarres, d'un aspect repoussant et fantastique. Leurs ailes, formées par une membrane qui unit les membres antérieurs aux membres postérieurs, sont garnies de poils, leur tête est difforme. Dans quelques espèces, le nez est à peine visible ;

Travaux des Castors.

Moufette de l'Amérique du Nord, *skunk* des Anglo-Américains

dans d'autres, il est en trèfle ou en fer de lance. Ces animaux nocturnes passent, dans nos climats, l'hiver en léthargie. Recouvertes de leurs ailes, comme d'un manteau, elles s'accrochent aux voûtes de cavernes et des souterrains, par les pattes de derrière; d'autres se retirent dans des trous. Au retour du printemps, elles sortent de leurs retraites, volent sans bruit et engloutissent les phalènes et autres insectes nocturnes. Les chauves-souris mettent bas des petits qu'elles portent cramponnés à leur mamelle, même en volant. On prétend que l'une des principales espèces, le *vampire* de la Guyane, suce le sang des animaux et de l'homme luimême, lorsqu'il le trouve endormi. Il est de la grosseur d'un fort pigeon. Mais en voilà assez sur les chauves-souris. Passons les hérissons, les musaraignes, les taupes et autres mammifères, qui se nourrissent d'insectes, pour arriver aux carnivores. Voici la famille des martres dans laquelle vous voyez figurer la zibeline, le vison, l'hermine, la fouine, le putois, le furet et la belette. Tous ces petits animaux fournissent des fourrures très estimées, surtout la martre, la zibeline et l'hermine. Arrêtez-vous devant cet animal de la même tribu : c'est la moufette ; menacée par des chiens, ou par quelque animal carnassier, elle dégage une odeur tellement suffocante que l'ennemi qui la poursuit est forcé de battre en retraite. Voilà la civette qui produit un parfum analogue au musc, puis la mangouste ou ichneumon. Les anciens prétendaient que ce petit animal d'Égypte donnait la mort aux crocodiles ; mais ce fait n'a aucun fondement. Nous arrivons à la grande famille des chats.

— Mais j'aperçois dans cette famille des lions, des tigres, des panthères, dit Frédéric.

Le Chat.

— Tous les animaux féroces que vous voyez ici appartiennent réellement à la famille des chats. On les reconnaît à leur tête arrondie, à leur langue hérissée de papilles, et à leurs pieds ornés d'ongles crochus et rétractiles, c'est-à-dire rentrants, comme lorsque le chat fait patte de velours. Le chat sauvage est d'un tiers plus grand que le chat domestique. Il présente en petit l'image parfaite du tigre. Il en a toutes les habitudes, et s'il n'attaque pas les grands animaux ni même l'homme, c'est que la force lui manque. Voilà le grand chat de Laponie et le chat de Patagonie qui paraissent redoutables

L'Ocelot, petite race de Tigres, très-sanguinaires.

leur taille. Puis viennent le lion, le tigre, la panthère, le léopard, le jaguar et l'once.

— Comme ils se ressemblent ! dit Elisa.

— En effet, sans la différence de taille, on les confondrait facilement. Le jaguar peut être appelé le tigre de l'Amérique. C'est un animal d'autant plus dangereux, qu'à la force il joint une extrême agilité. Grimpé sur un arbre, il guette sa proie et s'élance sur elle avec une telle impétuosité qu'elle ne peut lui résister. Voici le lynx qu'on a surnommé loup - cervier. On croit

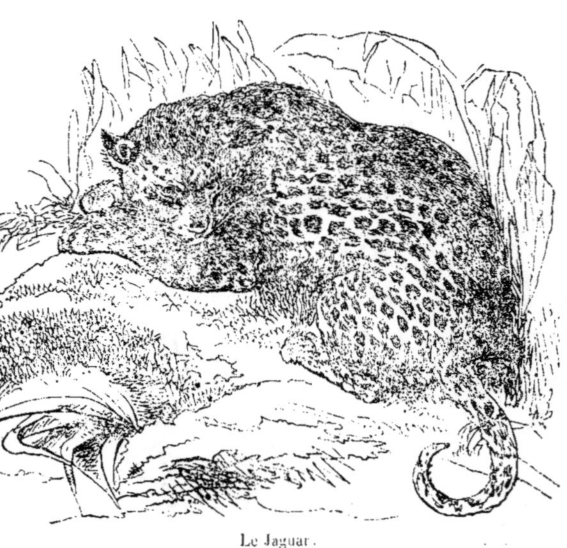

Le Jaguar.

qu'il était commun dans les forêts de la France, du temps de la domination romaine. Aujourd'hui, il est confiné dans les Pyrénées. Le caracal lui ressemble parfaitement, mais il est plus petit et appartient à l'Asie.

— Je crois reconnaître le renne des Lapons, dit Frédéric en le montrant à sa sœur. J'ai lu que cet utile animal qui, pour toute nourriture, se contente de la mousse trouvée sous la neige, tient lieu à la fois de vaches, de brebis, de chèvres et de chevaux. Le lait de renne produit du fromage et du beurre. Sa chair est fort bonne, et sa peau fournit de solides vêtements.

— Ajoutez, dit M. Delamarre, qu'attelé à un traîneau, il parcourt en un jour, pendant l'hiver, une distance égale à 37 lieues de France. Cet animal est la providence du pays. Le plus pauvre Lapon possède au moins une douzaine de rennes, et les riches en ont jusqu'à mille. Ne passons pas devant le condoma sans nous arrêter ; c'est l'un des plus grands et des plus beaux animaux de la famille des antilopes. Ses cornes, tournées en spirale, sont remarquables. Il habite l'Afrique méridionale. Voici dans le centre de la salle où nous nous trouvons, une foule de grands animaux que vous avez vus pour la plupart vivants, entre autres, des chats magnifiques. Je ne fixerai donc votre attention que sur l'aurochs, le plus grand et le plus fort des quadrupèdes, après l'éléphant et le rhinocéros. Dans les temps anciens, cet animal existait en France et en Allemagne ; mais il a peu à peu disparu devant l'accroissement

Lynx.

Troupeau de Rennes.

de la population et le défrichement des forêts qui couvraient ces contrées. On n'en trouve plus que dans quelques parties de la Lithuanie et dans les forêts les plus profondes et les plus solitaires des monts Krapacks et du Caucase. Au plafond, vous voyez le squale, ou chien de mer, connu sous le nom de pèlerin. Il est plus grand, 'mais

Le Chat.

moins redoutable que le requin. De même que la scie que vous voyez à côté, c'est l'un des ennemis les plus dangereux des jeunes baleines. Nous avons suffisamment exploré ces galeries pour satisfaire votre curiosité sur ce qu'elles renferment de

Le Morse

plus remarquable. Allons visiter la galerie du rez-de-chaussée ; nous jetterons en même temps un coup d'œil sur la baleine empaillée, qui se trouve en dehors.

La galerie du rez-de-chaussée est divisée en deux parties, la première renferme les annélides et les vers conservés dans de l'esprit-de-vin. La seconde partie contient de grands animaux qui n'ont pas trouvé place dans les armoires des étages supérieurs. Elisa et son frère virent avec beaucoup de surprise un cheval baskir, couvert d'une épaisse toison, absolument semblable à celle d'un mouton.

— Vous voyez, dit M. Delamarre, que la Providence n'a pas oublié de vêtir convenablement ces pauvres animaux dans les froides régions habitées par les baskirs. Voici le morse ou cheval marin. Il est pourvu de deux défenses ; c'est l'un des plus grands phoques. La famille des phoques ne peut être confondue avec les poissons. Elle en diffère essentiellement, parce qu'elle possède, à peu de chose près, la même organisation que les quadrupèdes que nous venons de voir. Leur sang est chaud ; ils allaitent leurs petits et ne peuvent se dispenser, comme les poissons, de revenir de temps en temps à la surface de l'eau pour respirer, car ils sont pourvus de poumons. Plusieurs espèces de phoques vivent de végétaux qu'ils viennent paître sur le rivage, d'autres se nourrissent de poissons. Vous connaissez déjà ces grands animaux, éléphants, rhinocéros, hippopotames, etc. Allons voir la baleine.

Sous une espèce de hangar, élevé dans la cour du muséum, les enfants aperçurent une baleine d'une taille moyenne. Elle était venue jadis s'échouer à l'entrée de la Seine ; on l'avait empaillée et transportée à Paris.

— Ce géant des mers, dit M. Delamarre, appartient à l'ordre des cétacés, le dernier des mammifères. Sa forme l'a fait longtemps confondre avec les poissons, mais il en diffère essentiellement comme les phoques. On a vu des baleines qui avaient jusqu'à trente-deux mètres de longueur. Les cétacés vivent de zoophytes et de poissons qu'ils engloutissent par milliers ; et comme ils avalent en même temps une grande quantité d'eau, ils la rejettent avec un bruit et une force prodigieuse par des ouvertures étroites, placées au-dessus de la tête et nommées *évents*. Ce qui est curieux, c'est que ce sont les plus grosses espèces qui chassent les proies les plus petites. Le cachalot diffère principalement de la baleine en ce qu'il a des dents à la mâchoire inférieure. C'est lui qui fournit le blanc de baleine et même, dit-on, l'ambre gris. Je vous ferai voir son squelette entier dans l'une des cours de l'établissement. Il nous reste encore à disposer de quelques heures ; nous pourrions les employer à jeter un coup d'œil général sur la magnifique galerie de minéralogie que vous voyez là à votre droite.

Frédéric et Elisa accueillirent cette offre avec plaisir.

— Vous allez voir une des plus belles collections minéralogiques qui existe en Europe, dit M. Delamarre. Nous ne nous arrêterons pas aux détails de la minéralogie proprement dite, elle ne vous intéresserait que faiblement ; mais je vous signalerai les choses vraiment curieuses que renferme cette galerie.

Un large escalier extérieur conduisit les visiteurs sous un péristyle surmonté d'un fronton sculpté et où se trouve l'entrée de la galerie. Un péristyle semblable, situé vers l'autre bout de l'édifice, appartient à la galerie de botanique. L'extrémité méridionale du même édifice est occupée par la bibliothèque. On entre d'abord dans la première salle où se trouve réunie la belle collection minéralogique de l'abbé Haüy, le créateur d'une science nouvelle : la cristallographie.

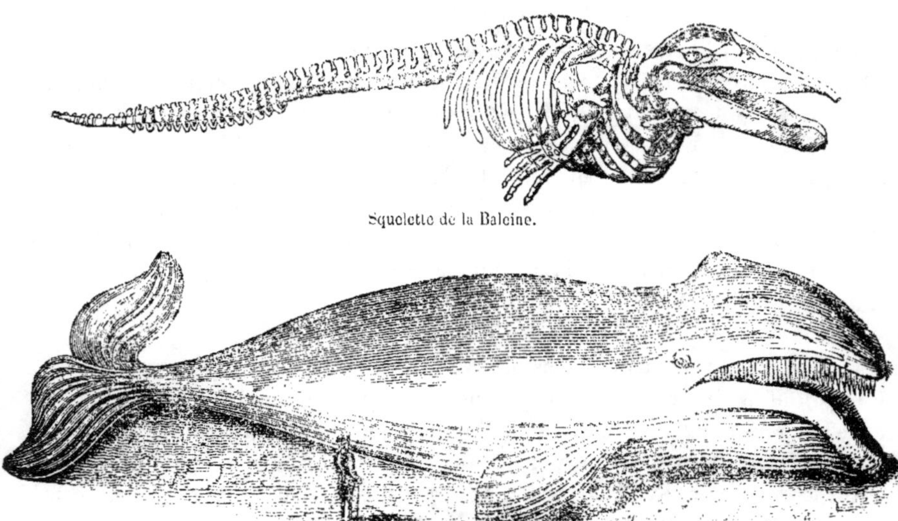

Squelette de la Baleine.

Corps de la Baleine.

Le Cheval.

— Voilà deux grandes peintures murales, dit Elisa ; si je ne me trompe, l'une représente une chasse aux rennes ; et l'autre, une chasse aux morses de l'espèce de celui que nous venons de voir. Oh ! le beau cheval empaillé !

— Vous ne vous trompez pas, dit M. Delamarre.

Cette galerie a un aspect vraiment grandiose et la plus belle disposition. A droite et à gauche, règne une suite d'armoires vitrées interrompues de distance en distance par d'autres armoires descendant jusqu'au plancher. Entre celles-ci et en avant des premières sont des montres vitrées à hauteur d'appui. Ces montres et ces armoires renferment de magnifiques échantillons de minéralogie. Au-delà des armoires règne, d'un bout à l'autre, une seconde galerie ouverte sur la première et à laquelle on parvient par plusieurs escaliers. Au milieu de la galerie s'étend jusqu'à son extrémité une suite de montres vitrées, renfermant, dans un ordre admirable, des échantillons de tous les terrains qui forment l'écorce du globe, classés suivant l'ordre de superposition, et en commençant par les étages inférieurs. La première chose qui frappa la vue des jeunes gens, fut une masse de quartz hyalin, ou cristal de roche, dont le poids est de 400 kilogrammes.

Ils admirèrent ensuite les collections de marbres de divers pays, contenus dans les armoires en saillie dont nous venons de parler. M. Delamarre leur fit remarquer une table magnifique, composée d'une collection des marbres espagnols formant 95 carrés. Elle fut envoyée en présent à Louis XV, en 1774, par le roi d'Espagne. Il leur montra également trois autres tables ornées de fleurs et d'arabesques en mosaïque, véritables chefs-d'œuvre d'art et de patience.

Mais quelque chose qui les frappa plus vivement, fut un portrait de femme qui se trouve à gauche en entrant. Il leur parut d'abord que c'était une peinture à l'huile et d'une assez belle exécution ; mais quand M. Delamarre leur eut assuré que c'était une mosaïque composée de pierres naturelles, rapprochées suivant leurs nuances et jointes avec un art merveilleux, leur surprise fut extrême. En effet, les yeux, le coloris des joues, les cheveux blonds, les diverses nuances de la chair, tout est rendu avec un art dont beaucoup de peintres seraient jaloux. Ce portrait a été fait à Rome, en 1828, par Clément Cuili.

L'une des deux dernières armoires vitrées du côté droit qui renferme plus de cent météorites ou aérolithes, c'est-à-dire des pierres tombées du ciel, fixa l'attention de Frédéric et de sa sœur ; car l'origine mystérieuse de ces pierres excitait leur curiosité.

— Voici un aérolithe d'une autre importance que celui que vous regardez, dit M. Delamarre, en leur montrant une masse de fer natif tombée sur la terre à une époque très-ancienne et pesant 591 kilogrammes. Et celui-ci, ajouta-t-il ? lisez la notice qui y est jointe.

Frédéric lut :

« Aérolithe tombé à Juvenas, canton d'Entrargue, arrondissement de Privas, le 5 juin 1821, à la suite d'une explosion météorique violente qui a été suivie de la chute d'un grand nombre d'autres pierres plus petites et de la même nature. Cette pierre s'enfonça à la profondeur de 1 mètre 80 centimètres dans le sol. Elle pesait 92 kilogrammes, mais elle fut rompue. Ce fragment pèse encore 42 kilogrammes. »

— Regardez cet aérolithe, dit M. Delamarre ; il est comme recouvert d'un vernis grisâtre, tandis que l'intérieur est brun ; ce qui prouve qu'il a été soumis à une chaleur assez forte pour fondre sa superficie et la couvrir d'une sorte d'émail.

— Mais, comment expliquez-vous la chute des aérolithes ? demanda Elisa.

— On a découvert et l'on découvre encore chaque jour entre la terre et le soleil une quantité d'astéroïdes ou petites planètes. On croit que ces astéroïdes proviennent d'une planète brisée en une multitude de fragments par une comète ; or, ne peut-on pas supposer qu'un tourbillon de fragments infiniment moins considérables, formant pour ainsi dire un nuage invisible à nos yeux, circule dans un orbite autour du soleil, et qu'à certaines époques de l'année se trouvant plus rapprochés de l'orbite terrestre, un certain nombre de ces fragments, entraînés par une perturbation quelconque, se trouvent lancés dans la sphère d'attraction de la terre et s'enflamment, en traversant avec une prodigieuse rapidité les couches supérieures de l'atmosphère ?

Au reste, c'est ce qu'on nomme *étoiles filantes*. À deux époques de l'année, la nuit du 10 août et celle du 10 novembre, elles se succèdent presque sans interruption. Mais poursuivons notre visite et passons de l'autre côté de la galerie.

En y arrivant, M. Delamarre reprit la parole.

— Vous voyez toutes ces armoires en saillie, faisant pendant à celle où nous avons vu les marbres et les météorites ; elles renferment des échantillons de minéralogie technologique, c'est-à-dire de minéraux mis en œuvre par la main des hommes. Cette première armoire renferme des pierres précieuses taillées : voilà des diamants, des rubis, des saphirs, des émeraudes, des topazes, etc. Avant de passer à l'armoire suivante, jetez un coup d'œil sur cette vitrine, où l'on a réuni tous les échantillons d'or natif, de la Californie, de la Bolivie et du Pérou. Voilà de l'or en pépites, en paillettes, en poudre ; voilà du sable aurifère. À côté est le platine, métal blanc précieux, plus lourd que l'or et plus inaltérable encore. Près de ces deux métaux, sont des échantillons d'iridium et de palladium, métaux blancs également précieux, également inaltérables, beaucoup plus rares. Revenons aux armoires de minéralogie technologique. Celle-ci renferme des armes et autres ustensils en pierre dure des peuples sauvages et des Celtes, anciens habitants de la France, qui ne connaissaient pas l'usage du fer. Voilà, dans cette même armoire, de la toile et du papier d'amiante, tous les deux incombustibles. Passons à l'armoire suivante. Celle-ci renferme des pierres gravées.

Remarquez ce schiste, sorte d'ardoise, formée de deux couches différentes. On y a ménagé des figures de hérons à la pêche ; c'est un travail chinois. Cette autre armoire renferme des coupes d'agates, d'onyx, de jaspe et de lazulite, admirablement taillées dans ces pierres dures. Dans l'armoire qui vient ensuite, sont encore des coupes, non moins précieuses, en onyx, calcédoine, sardoine et jaspe, toutes pierres de la nature de l'agate et du cristal de roche. Vous regardez les minéraux brillants qui sont dans la montre voisine, et vous pensez peut-être que ce sont des échantillons d'or natif?

— En effet, dit Frédéric, je l'ai cru à leur couleur et à leur éclat.

— C'est un éclat bien trompeur ; vous avez sous les yeux du fer sulfuré, c'est-à-dire du fer allié au soufre; c'est le plus commun des minerais, mais bien des personnes seront trompées comme vous. Voici, dans une autre armoire, du quartz hyalin, c'est-à-dire du cristal de roche taillé en coupes et en pagodes chinoises ; mais arrêtons-nous ici, pour considérer, sous cette vaste cage de verre, la belle collection de pierres précieuses de l'abbé Hauy. Cette armoire renferme des plats et des vases en serpentine, pierre assez rare. La suivante nous présente des figures burlesques venant de la Chine. Elles sont en *pagodite*, pierre transparente, ainsi nommée, parce que les Chinois en fabriquent leurs petites figures ou pagodes. Voici plus loin, les pierres circulaires, connues sous le nom de pierres de Florence. Elles présentent sur leur surface polie, un tableau imitant des ruines et tracé par la nature. A côté

sont des vases taillés dans l'espèce de gypse, connu sous le nom d'albâtre. L'armoire
suivante vous montre des pierres arborisées, c'est-à-dire présentant, au lieu de ruines comme les pierres de Florence, des ramifications imitant des mousses ou des bran-
chages. Auprès vous voyez des feuilles de Mica, pierre transparente qui se divise en
minces feuillets, dont on se sert en place de vitres dans certains pays. Voilà d'autres
feuillets, sur lesquels sont des peintures chinoises.

— Qu'est-ce donc, dit Frédéric, que ces morceaux de bois peints, de toutes les formes, et si bien rangées dans ces montres ? j'en vois qui sont carrés, d'autres en losan-
ge, octogones, à facettes, etc.

— Ce sont toutes les formes fondamentales qu'affectent les corps simples, terres,
métaux et sels, lorsque, de l'état liquide, ils passent lentement à l'état solide. La science
qui apprend à connaître ces formes, c'est la cristallographie, découverte par l'abbé
Haüy. Nous avons passé en revue tous les objets les plus remarquables de la galerie
où nous sommes, montons à l'étage supérieur. La galerie de droite renferme des ossements fossiles de mammifères, d'oiseaux, de nombreuses empreintes de poissons
antédiluviens, et de coquillages plus ou moins pétrifiés de la même époque.

Frédéric et sa sœur furent extrêmement surpris à la vue des proportions énormes
de certains ossements qui ne pouvaient appartenir qu'à des animaux plus grands que
nos plus grands éléphants. La tête du mosasaure, connu sous le nom de grand ani-

Dinothérium repoussant les attaques d'un Lion, d'après l'hypothèse de M. Kaup.

mal de Maestricht, armée de dents effroyables, avait dû appartenir à une espèce de lézard carnassier de plus de 10 mètres de longueur.

Ils remarquèrent des ossements d'ours, de hyènes gigantesques, ceux du dinothérium, du mégathérium, du mylodon, du plésiosaure, de l'ichthyosaure, tous animaux bien supérieurs pour la grandeur et la force, aux animaux terrestres de notre époque ; mais ce qui frappa le plus les enfants, fut la vue du squelette complet du ptérodactyle, espèce de lézard volant, à ailes de chauve-souris, et qui devait être aussi redoutable qu'effrayant par sa force et sa grandeur. Ils virent également avec surprise l'énorme coquillage roulé en forme de volute et connu sous le nom d'ammonite.

— On trouve, dit M. Delamarre, des ammonites de toutes les grandeurs, depuis un centimètre jusqu'à plus d'un mètre de diamètre ; mais il n'en existe plus de vivants.

Frédéric et sa sœur auraient bien voulu questionner M. Delemarre sur ces animaux antédiluviens, dont l'existence leur aurait paru fabuleuse, s'ils n'en avaient vu les ossements ; mais M. Delamarre leur fit remarquer qu'ils n'avaient plus qu'une demi-heure pour visiter la galerie botanique attenante à celle de minéralogie.

— Nous ne visiterons pas la galerie supérieure, formant le parallèle de celle-ci, dit-il ; elle est presque entièrement consacrée aux échantillons de toutes les roches de la surface du globe ; passons dans la galerie de botanique. Mais nous oublions, ajouta-t-il en montrant une statue de marbre blanc, placée sur un piédestal au centre de la galerie, la statue de l'illustre Cuvier, le véritable créateur de l'anatomie comparée, celui qui, le premier, a su reconnaître et classer les ossements épars que nous venons de voir et reconstituer des espèces d'animaux inconnus de nos jours. Ce grand homme, né en 1769, est mort en 1832.

Dans une salle carrée, qui sert de vestibule à la galerie de botanique, sont dressés contre les murs des troncs de dattiers, de cocotiers, de bananiers, de fougères arborescentes, de mauritia épineux, de palmiers rameux et des tiges de plusieurs espèces de bambous. L'aspect étrange de ces végétaux surprend toujours les personnes qui n'ont pas visité les pays où ils croissent naturellement.

Entrés dans la galerie, les jeunes gens examinèrent avec intérêt diverses collections, telles que celles des céréales de tous les pays. Celles de la plupart des fruits et graines ; des échantillons de bois, d'un grand nombre d'arbres et de plantes ligneuses, et des empreintes d'une foule de végétaux antédiluviens, aujourd'hui inconnus et trouvés sur des lames de charbon de terre. Au milieu

Le Chien.

de la salle, on remarque, sous de vastes cages de verre, une collection de champignons exécutés en cire au nombre de 6 ou 700 espèces. Sur le haut de ces cages, on admire cinquante tableaux à l'huile, représentant avec fidélité les fruits exotiques et les plus intéressants. Enfin, à l'extrémité de la salle, est une table ronde dont le dessus, d'une seule pièce de trente pieds de circonférence, a été fourni par le tronc du *Ptéro-carpus de l'Inde*. Sur une table figure le fruit du *cucurbila legenaria* (gourde des pèlerins), recueilli au Jardin des Plantes, et d'une si énorme grosseur, qu'il pourrait contenir trente litres de liquide.

En quittant la galerie botanique, Frédéric rappela à M. Delamarre sa promesse de leur faire voir le squelette du cachalot.

— Volontiers, dit M. Delamarre.

Et il conduisit les jeunes gens dans la grande cour, située à gauche de la ména-gerie. Là se trouve, exposé à toutes les intempéries de l'air, l'énorme squelette d'un cachalot macrocéphale de 60 mètres de longueur.

Sous la voûte qui conduit dans cette cour, Frédéric remarqua des espèce d'os cour-bés, amincis vers l'extrémité et dressés contre le mur. Leur diamètre moyen est de 75 centimètres, et leur longueur d'environ cinq mètres. Il considérait ces objets avec surprise sans pouvoir leur assigner un nom.

— Je vois votre embarras, dit M. Delamarre, vous ne savez à quel animal rappor-ter ces énormes ossements ; ce sont les os de la mâchoire d'une baleine gigantesque. Voici devant nous l'entrée du cabinet d'anatomie comparée. Entrons dans la première salle, elle renferme un magnifique squelette de baleine ; là vous retrouverez les os des mâchoires à leur place naturelle, et vous verrez de plus les fanons desquels on tire la baleine flexible qui sert à tant d'usages. Nous aurons également occasion d'y voir quelques ossements d'animaux antédiluviens très-remarquables ; je vous ferai grâce du reste de la galerie qui ne renferme que des pièces anatomiques sans intérêt pour vous.

Dans la petite salle qui précède la galerie, nos voyageurs virent la tête du *dinothérium gigantesque*, trouvé en 1836 dans une sablière du duché de Hesse-Darmstadt. Cette tête moulée en plâtre sur nature et peinte, présente deux énormes défenses recourbées vers la tête.

— Cet animal, ajouta M. Delamarre, devait avoir une trompe dans le genre de celle de l'éléphant, dont il aurait à peu près la taille, et de fortes griffes pour fouir la terre.

M. Delamarre leur montra dans la même salle des squelettes d'ichthyosaure et de plésiosaure moulés en plâtre.

— Ces énormes reptiles, ajouta le savant naturaliste, de la famille des sauriens ou lézards, égalent et surpassent même la taille du crocodile. Ils habitaient nos climats, car l'ichthyosaure a été trouvé dans les carrières de Montmartre et le plésiosaure en Angleterre. Entrons dans la grande salle. Elle renferme une baleine d'une autre grandeur que celle que nous avons vue empaillée.

— Ah ! voici les grands os des mâchoires que nous venons de voir au dehors, dit Frédéric, mais ceux-ci me semblent un peu plus petits. Voici également les fanons attachés de chaque côté à la mâchoire supérieure et entourés par les deux os de la mâchoire inférieure. Mais à quoi peuvent servir ces fanons ?

— La baleine, ainsi que la plupart des cétacés vivent, comme je vous l'ai dit, de petits poissons et même d'insectes marins qu'elle absorbe avec l'eau de la mer. Or, les poissons et les insectes sont retenus par les fanons qui remplissent exactement l'effet d'un filet à mailles serrées.

— Voyez donc, Frédéric, dit Elisa, la cavité énorme que présente l'intérieur du corps de cette baleine, Il me semble que si l'on pouvait y établir une table, dix personnes y mangeraient à l'aise.

— La chose serait très-possible, dit M. Delamarre. Je me rappelle avoir vu à Paris, dans un vaste hangar élevé sur la place de la Concorde, une baleine dans le corps de laquelle on avait établi, sur un plancher, une table assez grande, entourée d'un bon nombre de chaises, garnie d'un tapis et couverte de journaux pour les amateurs de politique qui y arrivaient par un escalier assez commode.

La salle renferme en outre plusieurs squelettes d'animaux carnassiers. M. Delamarre fit remarquer aux jeunes gens, celui de l'ours féroce surnommé l'*ours terrible* au Canada. En le comparant aux autres squelettes des ours, des lions et des tigres que

Le Dogue.

cette salle renferme, on voit qu'il les surpasse tous en grandeur. Cet animal dont la férocité est extrême et la force prodigieuse est la terreur de la contrée où il se trouve. Après l'examen superficiel de cette galerie, M. Delamarre fit voir à ses nouveaux amis l'intérieur des serres chaudes et tempérées, confiées aux soins intelligents de M. Newmann, et où brillent une foule de fleurs exotiques dont plusieurs exhalent les plus suaves parfums ; il leur fit remarquer des bananiers et des palmiers portant des fruits, et leur fit connaître les plantes qui nous donnent le thé, le café, l'indigo et une foule d'autres végétaux intéressants : enfin, en sortant des serres, il leur fit traverser le jardin botanique, immense carré entouré d'une grille et divisé en un nombre infini de planches où sont rangés, suivant un ordre méthodique et sous la savante direction de M. Pépin, toutes les plantes cultivées en France.

FIN.

TABLE DES GRAVURES CONTENUES DANS CE LIVRE.

FIN DE LA TABLE DES GRAVURES.